Schriften
der Wissenschaftlichen Gesellschaft in Straßburg
21. Heft

Das Deutsche Observatorium in Spitzbergen

Beobachtungen und Ergebnisse

I

Herausgegeben
von
H. Hergesell

Straßburg
Karl J. Trübner
1914

Das Deutsche Observatorium in Spitzbergen

Beobachtungen und Ergebnisse

I

Herausgegeben

von

H. Hergesell

Mit 10 Abbildungen im Text, 8 Tafeln und 1 Karte

Straßburg
Karl J. Trübner
1914

Druck von M. DuMont Schauberg, Straßburg i. E.

Inhalt.

Die Deutsche wissenschaftliche Station in Spitzbergen.

Von

H. Hergesell.

Das nunmehr seit August 1911 ständig arbeitende deutsche Observatorium auf dem einsamen, kaum von Menschen bewohnten Inselkomplex von Spitzbergen ist die unmittelbare Folge meiner schon im Sommer 1906 begonnenen aerologischen Studien in diesem arktischen Lande. Sowohl in diesem Jahre, als in dem darauf folgenden hatte ich durch die Gunst des Fürsten von Monaco Gelegenheit, mit einer vollständigen aerologischen Ausrüstung die freie Atmosphäre in diesen hohen Breiten zu untersuchen. Die damals gewonnenen Resultate sind in zwei Mitteilungen („Beiträge zur Physik der freien Atmosphäre“ Bd. II, p. 96, und „Protokoll der V. Konferenz der Intern. Kommission f. wissensch. Luftschiffahrt, Mailand 1906“, p. 109.) niedergelegt worden. Als im Jahre 1910 durch die stürmische Entwicklung der Luftfahrt, insbesondere der Zeppelinschiffe, der Plan entstand, diese Fahrzeuge auch zu wissenschaftlichen Zwecken, speziell zu geophysikalischen und aerologischen Untersuchungen zu entwickeln, wurde unter der Führung des Prinzen Heinrich eine Vorexpedition nach Spitzbergen unternommen, die hauptsächlich die Möglichkeiten der Luftschiffahrt in der Arktis studieren sollte. Auch an dieser Expedition nahm ich teil und konnte während des Sommers 1910 wiederum die freie Atmosphäre durch Fesselballone, Pilot- und Registrierballone bis zu sehr hohen Schichten untersuchen. Ein Teil der Ergebnisse dieser Studien ist bereits in dem von Miethe und mir herausgegebenen Buche „Mit Zeppelin nach Spitzbergen“ veröffentlicht worden. Eine Zusammenfassung aller meiner aerologischen Untersuchungen während der drei Sommer in Spitzbergen wird demnächst in den „Beiträgen zur Physik der freien Atmosphäre“ herausgegeben werden.

So wertvolle Ergebnisse diese Sommerfahrten auch für die Aerologie gebracht haben, eins ließen sie auf alle Fälle wünschenswert erscheinen: die Ausdehnung der Messungen auf das volle Jahr, bezw. kontinuierliche Untersuchungen durch eine feste, ständig arbeitende Station. Es gelang mir im Frühjahr des Jahres 1911 einflußreiche Kreise für die Verwirklichung dieses Gedankens zu interessieren; mit Hilfe wertvoller Gaben von Seiten Seiner Majestät des deutschen Kaisers, des Deutschen Reiches, des Preußischen Kultusministeriums, der Jagorsstiftung und einer Reihe privater Persönlichkeiten konnte im Sommer 1911 der Versuch gemacht werden, eine solche feste Station zu gründen und in den beiden folgenden Jahren im Betrieb zu erhalten. In der Adventbai, im Eisfjord, befindet sich schon seit mehreren Jahren, von amerikanischem Unternehmungsgeist gegründet, eine Kohlenmine, auf der im Winter und Sommer der Betrieb unterhalten wird. Nichts schien natürlicher, als unter Benutzung dieser Verhältnisse durch einen Vertrag mit der Kohlenmine die hinauszusendenden Gelehrten in der Adventbai anzusiedeln. Arbeitskräfte schienen in genügender Anzahl unter dem technischen und anderen Personal der Mine vorhanden. Die beiden Herren Dr. Rempp aus Straßburg und Dr. Wagner aus Wien hatten die Aufgabe, diesen Plan zu verwirklichen. Sie wurden hierbei in sehr anerkennenswerter Weise von dem deutschen Konsul in Tromsö unterstützt. Die folgende in diesem Hefte publizierte Arbeit, die von Dr. Rempp und Dr. Wagner verfaßt ist, beschreibt im einzelnen die Lage der Station und die dort ausgeführten Arbeiten. Es erschien gegeben, wenn einmal eine solche wissenschaftliche Station eingerichtet würde, sich nicht nur auf aerologische Arbeiten zu beschränken, sondern möglichst auch andere Gebiete der Geophysik in Angriff zu nehmen. Zu diesem Zweck erhielt die Station in der Adventbai von der Kaiserlichen Hauptstation für Erdbebenforschung in Straßburg ein Erdbebenpendel, von der K. K. Zentralanstalt für Meteorologie und Geodynamik in Wien einen Satz von magnetischen Instrumenten.

So verlockend der Gedanke im Anfang erschienen war, die wissenschaftliche Station mit einer gewerblichen Ansiedelung zu verbinden, so stellten sich dennoch gerade hierdurch im Verlauf des Unternehmens eine Reihe von Schwierigkeiten heraus. Die wissenschaftlichen Arbeiten mußten in beträchtlicher Entfernung von der in dieser Hinsicht ungünstig gelegenen Ansiedelung vorgenommen werden; die Gelehrten mußten sich ferner naturgemäß den Gesetzen unterwerfen, welche der Arbeiterkolonie der Mine im Interesse des Betriebs auferlegt sind. Endlich waren Arbeitskräfte öfters nur mit Mühe von Seiten der Verwaltung zu erlangen, weil diese ihre Arbeiter selbst brauchte, und diese mußten teuer bezahlt werden. Kurz, als Endresultat ergab sich schließlich keine Ersparnis in den Anlagen und Betriebskosten der Station, sondern ein ziemlich unrationelles Arbeiten. Es ist hier besonders hervorzuheben, daß es Dr. Rempp und Dr. Wagner trotzdem gelungen ist, den ihnen gestellten wissenschaftlichen Aufgaben gerecht zu werden. Sie waren in Adventbai vom 24. Juli 1911 bis zum 14. Juli 1912, zu welcher Zeit die Station von der Adventbai verlegt wurde. Die oben geschilderten Schwierigkeiten hatten nämlich bei der Oberleitung der Station den Gedanken auftreten lassen, sie völlig selbständig zu machen, d. h. mit eigenen Häusern und eigenen Arbeitern in einer Gegend von Spitzbergen anzusiedeln, wo noch keine Besitzrechte von Andern ausgeübt wurden. Eine bequeme Gelegenheit, die Überführung der Station auszuführen, ergab sich durch den Umstand, daß verschiedene deutsche Interessenkreise den wissenschaftlichen Forschungsdampfer „Poseidon" im Frühjahr 1912 zu einer Fahrt nach Spitzbergen gechartert hatten. Dieses Schiff nahm die neue Überwinterungsmannschaft und Materialien zu Hausbauten mit. Es gelang zwar nicht, Mitte Juni die alte Station in dem durch Eis blockierten Eisfjord zu erreichen, aber es wurde für die neue Station an dem an der Westküste der Crossbai gelegenen kleinen Ebeltofthafen ein sehr geeigneter Punkt gefunden. Dort wurden die Häuser von der Überwinterungsmannschaft gebaut, die im folgenden Monat die wissenschaftliche Ausrüstung erhielt. Die neuen Gelehrten der Station, Dr. K. Wegener aus Göttingen und Dr. Robitzsch aus Marburg, haben mit ihren Gehilfen die neue Ansiedelung in energischer Arbeit zweckmäßig aufgebaut. Die Verlegung der Station brachte eine wesentliche meteorologische Änderung mit sich: die neue Station kam in veränderte klimatische Verhältnisse. Während die Adventbai, tief im Innern von Spitzbergen gelegen, eine mehr kontinentale Lage besitzt, die sich besonders darin ausspricht, daß durch Abfangen der Feuchtigkeitsmassen der westlichen Winde eine gewisse Gletscherarmut in der Umgebung vorhanden ist, ist die Lage des neuen Observatoriums in der Crossbai eine mehr maritime. Von den Fluten des arktischen Ozeans ist sie nur durch eine schmale Landzunge getrennt und die weit nach Süd-Westen geöffnete Crossbai gibt ungehindert den feuchten westlichen Luftströmungen Zutritt. Die Station ist daher rings von Gletschern umgeben, besonders an der Ost- und Nordseite. Hier fallen gewaltige Gletscherzungen ins Meer und brechen in einer schroffen 30—40 m hohen Eiswand ab. Die Station wird im Westen durch hohe Berge begrenzt, die einen gewissen lokalen Schutz gegen die starken Westwinde bieten. Hier finden sich nur kleinere Kargletscher. Die wissenschaftliche Beobachtungsstation hatte so Gelegenheit, im Jahre 1912/13 die Bedingungen des stark vergletscherten Westrandes der Hauptinsel von Spitzbergen zu studieren, und diese Bemerkung bezieht sich sowohl auf die meteorologischen Untersuchungen am Erdboden als auf die aerologischen Messungen in der Höhe. Dr. Wegener und Dr. Robitzsch haben länger als ein Jahr an ihrem rauhen Aufenthaltsorte zugebracht. Die gesamte Besatzung hat die Überwinterung gut bestanden. Auch bei dieser Station machte sich das Bestreben geltend, die aerologischen Beobachtungen möglichst zu ergänzen. Das Erdbebenpendel wurde von der Adventbai überführt und hat ein weiteres Jahr an der neuen Stelle gearbeitet. Ein selbstregistrierender Flutmesser wurde aufgestellt und hat die Gezeiten des arktischen Meeres während 2 Monaten aufgezeichnet. Von ganz besonderem Interesse sind aber die Arbeiten, die die beiden Gelehrten zur Erforschung des Polarlichts ausgeführt haben und zu denen die Kgl. Gesellschaft der Wissenschaften zu Göttingen und die dänische Grönlandexpedition Koch-A. Wegener Mittel beigesteuert haben. Durch eine Reihe von Photographien wurde die Entwicklung der einzelnen Polarlichter festgelegt, und durch Basismessungen die Höhe dieser interessanten Erscheinungen der hohen Atmosphäre in einwurfsfreier Weise bestimmt.

Das hier von der Wissenschaftlichen Gesellschaft in Straßburg in dankenswerter Weise zur Veröffentlichung gebrachte 1. Heft der wissenschaftlichen Ergebnisse der Arbeiten in Spitzbergen, enthält zunächst die Stationsbeschreibungen und gibt als dritten und wertvollsten Teil die Untersuchungen Wegeners und Robitzschs über das Polarlicht. Daß diese Beobachtungen zuerst gedruckt werden, hat seinen besonderen Grund. Es haben norwegische Forscher, Prof. Birkeland, Prof. Störmer und cand. Birkeland, in den hohen Breiten Norwegens eingehende wissenschaftliche Untersuchungen der Nordlichter seit mehreren Jahren vorgenommen und dieselben auch während des Jahres 1913 fortgesetzt. Die Publikation der jeweiligen Ergebnisse ist stets sehr rasch erfolgt, im Interesse der Weiterarbeit der Fachgenossen auf dem wenig geklärten Gebiet. Es ist daher von Wichtigkeit, daß auch die Ergebnisse der deutschen Messungen rechtzeitig publiziert werden. Daher ist in diesem ersten Heft die Arbeit über das Polarlicht vor den anderen aufgenommen worden. Die nächsten Hefte sollen die Meteorologie und die Aerologie behandeln, während die seismischen Ergebnisse durch den Direktor der Kaiserl. Hauptstation für Erdbebenforschung in den „Beiträgen zur Geophysik“ und die magnetischen von der k. k. Zentralanstalt für Meteorologie und Geodynamik veröffentlicht werden. Ich mache heute schon darauf aufmerksam, daß in erster Linie bei der nächsten Publikation die Wiedergabe der aerologischen Resultate beabsichtigt ist; die klimatischen Ergebnisse werden deshalb nur durch allgemeine Besprechungen, die selbstverständlich eine Reihe von Mittelwerten enthalten sollen, wiedergegeben werden.

Zum Schluß kann ich erfreulicherweise berichten, daß die Fortdauer der deutschen wissenschaftlichen Station in Spitzbergen für einige Jahre gesichert ist und durch ein Zusammenarbeiten mit anderen Nationen noch größeren wissenschaftlichen Wert erlangen wird. Das Deutsche Reich hat in seinem Etat eine bestimmte Summe eingesetzt, um die Station zu subventionieren. Verschiedene Privatmänner, von denen ich in erster Linie dankend den Grafen Zeppelin und Herrn v. Böttinger nenne, haben sich ebenfalls bereit erklärt, die Station weiter zu unterhalten. Es ist mir gelungen, zur Mitarbeit, d. h. zu aerologischen Forschungen im Polarbecken, russische, dänische und amerikanische Gelehrte zu gewinnen, und dieses Zusammenarbeiten wird um so bedeutungsvoller werden, als ja gerade in den nächsten Jahren ein großes wissenschaftliches Unternehmen bevorsteht, welches ebenfalls mit uns tätig sein wird. Im Sommer nächsten Jahres beginnt nämlich Amundsen, von der Beringstraße aus in das Polarmeer dringend, seine langjährige Trift durch das arktische Becken. Ich bin mit Amundsen übereingekommen, daß er sich ebenfalls an unseren aerologischen Arbeiten beteiligen wird. In demselben Sinne hat sich die russische Akademie der Wissenschaften bereit erklärt, 2 Stationen, eine in Novaja Semlja, eine andere an der Sibirischen Küste zu errichten. Das dänische meteorologische Institut wird aerologische Stationen in Island und Grönland gründen; desgleichen wird Canada eine ebensolche im hohen Norden einrichten und wahrscheinlich auch durch die Stefanssonsche Expedition an unseren Arbeiten teilnehmen. Auch das amerikanische Weather Bureau hat mitgeteilt, daß die Crocker Land Expedition sich an diesem Plan mit aerologischen Aufgaben beschäftigen wird. So hat das Bestehen der deutschen aerologischen Station einen großen wissenschaftlichen Plan gezeitigt, nämlich die gemeinsame aerologische Erforschung der Arktis durch Schiffsexpeditionen im Eismeer und durch feste Stationen an den Küsten. Es ist kein Zweifel, daß dieses gemeinsame Zusammenarbeiten sehr interessante und wichtige Ergebnisse der Weltmeteorologie zutage fördern wird.

Stationsbeschreibungen.

1. Die Station in der Adventbai 1911/12

von

Dr. **Georg Rempp** und Dr. **Arthur Wagner.**

Photographien von Dr. **G. Rempp.**

An vorläufigen Mitteilungen über den Betrieb und die Arbeiten der Station sind bisher erschienen:

H. Hergesell. „Kurze Mitteilung über die wissenschaftlichen Stationen auf Teneriffa und Spitzbergen." Siebente Versammlung der Internationalen Kommission für wissenschaftliche Luftschiffahrt in Wien. Wien 1912.

A. Wagner. „Vorläufiger Bericht über die Deutsche geophysikalische Expedition nach Spitzbergen 1911—12." Vorträge des Vereins zur Verbreitung naturwissenschaftlicher Kenntnisse in Wien, Selbstverlag des Vereins, Wien 1913.

Das Land südlich des Eisfjords[1]) und östlich von Greenharbour (Nordenskiölds Land) besteht aus Tafelbergen, die durch tief eingeschnittene Täler von einander geschieden sind. Die Abhänge der Täler sind mit Geröll bedeckt, das unten in sanfterer Neigung in Fließerde übergeht. Härtere Schichten ragen als Felsenreihen oder vielfach durchschnittene Terrassen aus den Talböschungen hervor. Über die Oberfläche der Tafelberge erheben sich einzelne sogenannte Zeugenberge. Zum Beispiel ragt etwa 7 km westlich der Adventbai der Nordenskiöldberg, unser Thermometerberg, mit 1055 m hoch aus dem 4—500 m hohen Plateau. Die Vergletscherung dieses ganzen Gebietes ist gering und lokal.

Von der Adventbai aus zieht sich ungefähr in der Breite der Bai das flache, im Sommer schwer passierbare Adventtal erst nach SE, dann allmählich mehr nach E weit ins Land. Verhältnismäßig niedrige Übergänge führen von ihm zur Ostküste hinüber. Daher gibt das Tal bei Winden aus dem S-E Quadranten, die einer häufig wiederkehrenden Wetterlage entsprechen, eine vorzügliche Windstraße ab, und starke bis stürmische Talwinde bilden hier wie in anderen ähnlich gelegenen Tälern und Fjorden Spitzbergens eine häufige, seit langem bekannte Erscheinung. Das erste westliche Seitental, nach dem Hauptaktionär der Arctic Coal Co. „Longyeartal" genannt, mündet

---

[1]) Es sei verwiesen auf die geologische Karte des Eisfjords in 1/200000 von Gerard de Geer in „Guide de l'Excursion au Spitzberg", XIe Congrès géologique international, Stockholm 1910.

noch in den innersten Teil der Bai; es erstreckt sich mit einige 100 m breiter, im Sommer von einem Gletscherbach in zahlreichen wechselnden Armen durchflossener Sohle etwa 5 km weit nach SSW und wird durch zwei lokale, durch einen Grat getrennte Gletscher abgeschlossen. Unten auf dem nordwestlichen Abhang des Tals, ca. 1—1,4 km vom Strande und in 30—55 m Seehöhe liegt die Ansiedlung der Arctic Coal Co. (Longyearcity), über deren am weitsten nach dem Tal hin gelegenen Häusern in ca. 180 m Seehöhe der Eingang zum Stollen sich befindet. Die Häuser liegen in einem Streifen geringer Neigung, der sich am Ausgang des Tals zu einer Terrasse (ca. 30 m ü. d. M.) verflacht und verbreitert. Unterhalb derselben am Strande befanden sich 1911/12 nur das Maschinenhaus, das Wohnhaus der Maschinisten und ein Lagerhaus unmittelbar beim Kai. Am Eingang der Bai breitet sich im Westen bei Adventpoint ein ausgedehntes, maximal etwas über 1 km breites niedriges Vorland aus, das von den Fangsleuten „Hotelnæset“ [1]) genannt wird. Die geographischen Koordinaten der Station sind 78°, 2 N und 15°, 6 E v. Gr.

Die geographischen Verhältnisse der Umgebung der Adventbai waren uns vor der Ausreise aus der zitierten Karte, sowie aus mündlichen Mitteilungen wenigstens in allgemeinen Zügen bekannt, so daß wir uns von vorn herein ungefähr ein Bild davon machen konnten, was sich dort ausführen ließe und welche Plätze für die einzelnen Arbeitszweige des uns vorgelegten Programms in Frage kämen. Für registrierende meteorologische Bergstationen war die Lage besonders günstig, und die Plätze, an die für Fesselballon- und Drachenaufstiege gedacht werden konnte, erschienen nicht weniger geeignet, als man es in einem Berglande, wie Spitzbergen es größtenteils ist, verlangen kann, zumal von Örtlichkeiten, die gleichzeitig die Anlage von Bergstationen gestatten sollen. Damit war aber von vorn herein zu rechnen, daß mindestens die aerologischen Arbeiten in größerer Entfernung von der Siedelung vorzunehmen wären. Tatsächlich erwies sich noch in höherem Maße, als wir damals annehmen konnten, eine Zerstreuung unserer Anlagen als notwendig, und sie bedeutete unter den arktischen Verhältnissen eine ungemeine Erschwerung unserer Arbeiten, einen sehr beträchtlichen, unproduktiven Verbrauch an Zeit, Mühe und Energie. Freilich hätte sich dieser Mangel, wohl der schwerwiegendste der Station, vermeiden lassen, wenn auf Adventpoint, unserem aerologischen Arbeitsplatze, ein eigenes Wohnhaus errichtet worden wäre. Aber das entsprach nicht dem Plan, wonach die Station sich auf die Anlagen der Arctic Coal Co. stützen sollte (auch hätten wir dazu etwas früher eintreffen müssen), und, so wenig im Vergleich zu der Örtlichkeit, an der jetzt das ständige Obser-

[1]) Nach dem in den 90er Jahren von einem Tromsöer Konsortium erbauten Hotel, das jetzt, nach Longyearcity transportiert, der Arctic Coal Co. als Lagerhaus dient.

vatorium steht, gegen das Gelände in Adventpoint einzuwenden ist, das wir unter anderen für die dauernde Station empfahlen, so sprechen doch bei nachträglicher Betrachtung der Dinge gewichtige Gründe anderer Art gegen die Wahl dieses Platzes.

Die Anlehnung an die Arctic Coal Co., die zunächst das äußere Schicksal der Expedition soweit sicherte, als die Unternehmung der Arctic Coal Co. überhaupt gegen Zufälligkeiten gesichert ist, hat für die Einrichtung der Station sicherlich einige Vorteile gehabt, wenn man die pekuniäre Seite der Sache außer Acht läßt. So konnten z. B. die verschiedenen, für die Zwecke der Station erforderlichen Hütten (Ballon-, Drachenschuppen, magnetische und seismische Hütte) trotz der teilweise bedeutenden Entfernung von der Ansiedelung mit Hilfe der Zimmerleute und Arbeiter der Gesellschaft verhältnismäßig rasch fertig gestellt werden[1]). Der zeitweise ziemlich rege Schiffsverkehr, der erst am 1. Oktober aufhörte, garantierte die Ankunft verschiedener nicht rechtzeitig fertig gewordener Apparate, und sonstiger Ausrüstungsgegenstände und gestattete, manches nachkommen zu lassen; allerdings sind diese Nachbestellungen größtenteils nur deshalb erforderlich gewesen, weil die Verhältnisse in Longyearcity uns nicht von Anfang an genügend bekannt waren. Im laufenden Betriebe jedoch überwogen sicherlich die Nachteile. Zu der Zersplitterung der Station kam der mehrfache Wechsel des Wohnhauses. Außerdem hatte uns die Gesellschaft nicht erlaubt, eigene Hilfskräfte mitzubringen, mit denen wir wohl am besten gefahren wären; für den Winter sicherte sie uns allerdings außer einer Wirtschafterin einen ständigen Gehilfen und bewilligte auch bei besonderen Gelegenheiten weitere Hilfskräfte von Fall zu Fall. Endlich kamen eine Reihe von Einschränkungen persönlicher Art, obschon großenteils durch die Verhältnisse geboten, in unserer Lage wohl in Betracht, wo psychologischen Momenten höheres Gewicht beigemessen werden muß, als in der Heimat, und die Arbeitsfreudigkeit von größerer Bedeutung ist.

Unter diesen Umständen ließen sich unsere Ergebnisse nur dadurch ermöglichen, daß wir das Material nur soweit auswerteten, als notwendig war, um sich von der Verwertbarkeit desselben zu überzeugen bezw. dieselbe sicher zu stellen, die vollständige Auswertung und erst recht die Bearbeitung aber für die Zeit nach der Rückkehr aufsparten. —

An Bord des norwegischen Kohlendampfers „Alma“ trafen wir von Tromsö aus nach fünftägiger Fahrt am 23. Juli 1911 in Adventbai ein, das Gros der Expeditionsausrüstung dagegen erst am 4. August mit dem Motorkutter „Dogeren“, der kurz vor uns Tromsö verlassen hatte und

---

[1]) Dabei hat uns Herr Ingenieur S. Dahlquist, unser späterer Assistent, sehr wertvolle Dienste geleistet.

dessen eigentliche Aufgabe der Rücktransport einer Reihe von Fangsexpeditionen war.

Zur Wohnung überwies uns die Arctic Coal Co. zunächst außer einem kleinen Gelaß, in dem Barometer, Chronometer und eine Anzahl Instrumente Platz fanden, eine Dachkammer im Maschinistenhaus, die wir am 14. Juli durch das Entgegenkommen unseres späteren Gehilfen mit einem sehr geräumigen Zimmer im Erdgeschoß des gleichen Hauses vertauschen konnten. Gleich von Anfang an hatte uns die Gesellschaft für den Winter die Hälfte eines neuerbauten Hauses, des zweitletzten nach dem Longyeartal zu, zugesagt, dessen andere Hälfte vorläufig als Kartoffelkeller dienen sollte. Soweit es mit der späteren Bestimmung des Hauses verträglich war, konnte die Einteilung desselben unseren Wünschen entsprechend gestaltet werden; insbesondere konnte ein besonderes Arbeits- und Wohnzimmer ausgespart werden, in dem die wissenschaftliche Ausrüstung untergebracht und von dem wieder eine völlig zweckentsprechende Dunkelkammer und ein Raum für Barometer, Barographen, Chronometer und die Kontaktuhr des Seismographen abgetrennt werden konnte. Wir bezogen das Haus im letzten Drittel des September. Da wir dort mit unserem Gehilfen zusammen eigene Wirtschaft führten, konnten wir die Tageseinteilung nunmehr ganz nach den Anforderungen unserer Arbeiten einrichten, was in der Dunkelzeit im Hinblick auf die Ausnutzung der Mittagsdämmerung sehr wichtig war. Den Nachteil hatte allerdings der Umzug für uns gebracht, daß der Wind beim Wohnhause sehr lokal war; ein Urteil darüber, ob die Verhältnisse für einen Drachen- oder Fesselballonaufstieg günstige wären, war erst von dem Platze unserer „Basisstation“ (s. S. 10), d. h. in ca. 1 km Entfernung, möglich. Am 15. Juni mußten wir die Winterwohnung aufgeben, da die Arctic Coal Co. sie für ihre Arbeiter benötigte. Wir bewohnten fortan 2 Zimmer in einem Hause etwas mehr nach dem Talausgang hin und wurden, wie in den ersten Monaten unseres Aufenthalts, von der Gesellschaft verpflegt. Schon Ende Mai war unser Gehilfe in die Dienste der Gesellschaft zurückgetreten; Hilfskräfte waren fortan nur ausnahmsweise zu erhalten, sodaß wir das aerologische Programm wesentlich beschneiden mußten. Mit dieser Einschränkung glaubten wir auch in den beschränkteren Räumlichkeiten weiter arbeiten zu können und hatten uns dementsprechend eingerichtet, als wir am 18. Juni erfuhren, daß die Station nach der Crossbai verlegt werden solle.

Nach Vornahme einer Reihe notwendiger Abschlußmessungen verschiedener Art begannen wir die magnetischen und seismischen Instrumente zu demontieren und zu verpacken, ebenso die übrigen empfindlicheren Apparate. Am 12. Juli ging der Reichsforschungsdampfer „Poseidon“ in der Bai vor Anker; mit Hilfe einiger Leute der Schiffsbesatzung wurde die wissenschaftliche Ausrüstung der Station verladen, dazu das übrige bewegliche Inventar, soweit es der Schiffsleitung, der die Verlegung der Station seitens der Oberleitung übertragen war, von Wert für das neue Observatorium erschien. Auch der Ballonschuppen[1]) war von der Arctic Coal Co. zurückgekauft, zerlegt und an Bord genommen worden. Am 14. abends, als alles erledigt war, gingen wir selbst an Bord. Am 16. löschte „Poseidon“ die Ladung in Crossbai; am Tage darauf verließen wir Spitzbergen.

Meteorologische Basisstation.

Im jeweiligen Wohnhause und daher leider in sehr wechselnder Seehöhe — anfangs 15, dann 52, vom 15. Juni 1912 ab 45 m über der Niveaumarke der Arctic Coal Co. (Mittelwasser) — standen ein Fueßsches Stationsbarometer und 2 Richardsche Barographen (mit eintägiger und 8tägiger Umlaufzeit). — Die Wahl des Platzes für die Thermometerhütte etc. fiel wegen der ungünstigen Lage unseres Winterhauses auf die früher erwähnte Terrasse am Ausgang des Longyeartals, in 33 m Seehöhe und ca. 1 km Entfernung vom Wohnhaus. In einer englischen Hütte etwas größeren Formats als das übliche standen trockenes (im Sommer auch feuchtes) Thermometer, Extremthermometer, ein Lambrechtsches Haarhygrometer, ein Thermograph und ein Hygrograph, beide von Fueß und mit 8tägiger Umlaufszeit; für spezielle Zwecke kam gelegentlich beim Thermographen eine eintägige Uhr zur Verwendung. Lückenhaft war die Registrierung an wenigen sehr kalten Tagen (31. Dez. 1911, 1., 8., 24. bis 29. Jan. 1912) infolge Versagens des Triebwerks, dem späterhin vollständig vorgebeugt werden konnte. Zu den Terminablesungen wurde in der Regel noch ein Assmannsches Aspirationspsychrometer benutzt, namentlich wenn man damit brauchbare Feuchtigkeitsbestimmungen erwarten konnte, manchmal auch ein Schubertsches Schleuderpsychrometer. — Fünf Erdbodenthermometer von 25 bis 150 cm Tiefe waren in einem Lamontschen Kasten untergebracht; doch fror das tiefste nach wenigen Tagen fest und war nicht mehr loszubekommen; die anderen traf dasselbe Schicksal durch von außen eingedrungenes Wasser während der Schneeschmelze im Mai. Erdbodenthermometer der für geringe Tiefen üblichen Art hatten wir in 5 und 15 cm Tiefe; ein ähnliches mit Alkoholfüllung für die Erdoberfläche havarierte bald. Ein Minimumthermometer lag auf der Oberfläche des Schnees, sonst 5 cm über dem Boden. — Die Niederschlagsmessungen mit einem ungeschützten Hellmannschen Regenmesser waren bei Schneetreiben ganz illusorisch. — Zu der

[1]) Als Entgelt für die Überlassung des Wohnhauses und zur Wahrung ihrer Grundbesitzansprüche hatte die Arctic Coal Co. sich kontraktlich ausbedungen, daß bei Aufgabe der Station die 4 Hütten bezw. Schuppen in ihren Besitz übergehen sollten.

Schätzung der Windgeschwindigkeit, bei der die Kleidung nicht ohne Einfluß ist, kam jedesmal eine Messung mit dem Handanemometer hinzu. — Zugrichtung und relative Geschwindigkeit der Wolken wurden mittels eines Bessonschen Wolkenrechens bestimmt. — Als Termine waren 7^{h}a, 2^{h}p und 7^{h}p angenommen (M.E.Z., praktisch zusammenfallend mit Ortszeit); der mittlere Termin fiel jedoch sehr häufig weg an den Tagen, an denen Fesselballon- oder Drachenaufstiege ausgeführt wurden.

Bergstationen.

Am 1. Sept. 1911 wurden zwei Bergstationen in Betrieb genommen; die eine auf dem Gipfel des Nordenskiöldberges (1055 m nach der schwedischen Karte), die andere auf dem Plateau nördlich des Longyeartals (in 420 m Höhe (Aneroidmessung) an leicht auffindbarer Stelle. Jede enthielt in einer englischen Hütte einen Hygrographen (Richard) — deren Registrierung indes kaum mehr als qualitativ verwertbar ausfiel —, einen Thermographen (Fueß) und ein Vergleichsthermometer, anfangs auch Extremthermometer, die sich jedoch bald — vielleicht wegen der Erschütterungen bei Sturm[1]) — als ganz unzuverlässig erwiesen. Die Stationen wurden alle 5—7 Tage, manchmal auch in größeren Intervallen revidiert, die Uhren (8tägige Umlaufszeit) waren einmal nach 14 Tagen noch im Gang. Der Besuch der Plateaustation allein nahm im allgemeinen etwa zwei, im ungünstigsten Falle bei sehr lockerem Neuschnee ca. 4 Stunden, die Revision der Bergstation etwa 5 (im Frühjahr mit Skiern) bis 8 Stunden in Anspruch. Auf beiden Wegen waren oft die Hilfsmittel alpiner Technik notwendig, die dem einen von uns von seiner Heimat her geläufig war; er hat deshalb weitaus die meisten Bergbesteigungen ausgeführt. Wertvolle Anhaltspunkte für die Wahl geeigneter Tage gaben die Pilotballone.

Die Station auf dem Nordenskiöldberg mußte für die Dauer der Dunkelzeit, genau gesprochen vom 11. Nov. 1911 bis zum 18. Febr. 1912 aufgegeben werden, dagegen blieb die Plateaustation ununterbrochen im Betrieb. Störungen der Registrierung kamen hier außer gelegentlich durch Versagen des Uhrwerks nur selten vor. Die Hütte blieb merkwürdig rein von Schnee; eher schon setzte sich Schnee mitunter zwischen Thermometerkörper und Strahlungsschutz fest, weshalb letzterer bis zum Frühjahr entfernt wurde, oder gelangte auch durch die Öffnung für den Übertragungshebel in den Instrumentenkasten. Anders auf dem Nordenskiöldberg, wo offenbar der Wind sehr viel turbulenter war, und wo die Hütte oft einem Schneehaufen glich. Besonders in den Herbstmonaten waren Betriebsstö-

[1]) Einmal warf der Wind innerhalb der Hütte eine gefüllte Flasche um!

rungen durch Schneetreiben an der Tagesordnung — auch einmal durch Frost nach Tauwetter — und fiel die Registrierung daher recht lückenhaft aus.

Vom 4. Dezember 1911 bis zum Wiederbeginn der Registrierungen auf dem Nordenskiöldberg standen die Instrumente, die sonst dort stationiert waren, in einer improvisierten Hütte nahe dem Eingang des Stollens und wurden gegen Vergütung vom Wagemeister Eriksen täglich dreimal zu etwas schwankenden Terminen, sowie wöchentlich durch einen von uns kontrolliert. Die Ablesungen ließen wir auch noch späterhin fortführen, bis im Mai die Strahlungsfehler zu groß erschienen. In Erwägung gezogen hatten wir statt dieser eine Station nahe dem Meeresniveau, um durch Vergleich mit der „Basisstation“ in 30 m Seehöhe eventuell Aufschlüsse über die Stärke der Bodeninversion bei Strahlungswetter, Temperaturwellen und dergl. zu erhalten; es erschien uns aber dieser Gedanke nicht lohnend, weil wir nicht beide Thermographen mit Eintage-Uhren ausstatten konnten.

Drachen- und Fesselballonaufstiege.

Für Drachen- und Fesselballonaufstiege waren bei der Vorbereitung der Expedition zwei Plätze ins Auge gefaßt worden, Adventpoint und das Plateau nördlich des Longyeartals. Mit der Wahl des Plateaus verzichtete man zwar auf die Erforschung der Bodeninversionen, der Talphänomäne etc., vermied aber dafür auch die technischen Schwierigkeiten, durch lokale Windstillen und andererseits durch die bekannten Talwinde[1]), die man unten von vorn herein befürchten mußte, und durfte deshalb technisch bessere Resultate, d. h. größere Höhen erhoffen. Nach unserer Ankunft mußte indes aus praktischen Rücksichten das Plateau als Arbeitsplatz ausscheiden, es blieb, für Drachenaufstiege wenigstens, nur Adventpoint übrig. Fesselballonaufstiege hätte man unter gewissen Einschränkungen auch vom Delta des Longyearbaches vornehmen können, hätte aber kaum auf die Dauer Störungen der elektrischen Leitungen und der Drahtseilbahn der Artic Coal Co. vermeiden können. Wir zogen deshalb vor, auch diese Experimente in Adventpoint auszuführen, und entschlossen uns um so eher dazu, als unter den Gebäuden der Artic Coal Co. keines zur Unterbringung der gefüllten Ballone benutzt werden konnte, somit außer dem von vorn herein vorgesehenen Drachenschuppen ein besonderer Ballonschuppen erbaut werden mußte.

Um jederzeit über genügend freies Terrain zu verfügen, wählten wir in Adventpoint einen Platz, der etwa 800 m vom Strande entfernt lag. Obwohl der Weg vom Strande dorthin zum Teil nur durch ganz geringe

---

[1]) Erfahrungen, die Herr Hergesell 1906 in der Wijdebai, Crossbai und anderen Buchten gemacht hatte, machten es von vornherein wahrscheinlich, daß diese Talwinde sehr wenig hoch hinaufreichten.

Unebenheiten des Geländes gekennzeichnet war, konnte man doch, dank einer Reihe natürlicher Wegweiser, auch in der dunkelsten Zeit, selbst bei bedecktem Himmel und leichtem Schneetreiben, Ballonhalle und Drachenschuppen unschwer finden, freilich nur während der Mittagsdämmerung. Nur einmal, bei ganz dichtem Schneetreiben, mußten wir am Strande den Weitermarsch notgedrungen aufgeben. Bei ähnlich schlimmem Wetter haben wir während der Dunkelzeit, vielleicht mit bestimmt durch jene Erfahrung, hauptsächlich aber aus anderen Gründen, nicht mehr versucht, nach Adventpoint zu gelangen, ebenso bei Nebel. Bei Ballonwetter, namentlich in der Zeit, wo man über das Eis der Bai gehen konnte, d. h. in der zweiten Hälfte des November und dann wieder von Anfang Januar ab, bedeuteten die 10 km nach Adventpoint und zurück nur einen Spaziergang, der in der Dunkelzeit vielleicht gesundheitlich nicht ohne Bedeutung war. Im ungünstigsten Falle dauerte der Hin- und Rückmarsch zusammen drei Stunden. — Nachteilig war die weite Entfernung des Arbeitsplatzes vor allem auch deshalb, weil die Windverhältnisse häufig sehr rasch wechselten. Besonders im Herbst mußten wir oft, für einen Fesselballon- oder Drachenaufstieg ausgerüstet, wegen Zunahme bezw. Abnahme des Windes auf halbem Wege oder nach Erreichung des Ziels und längerem Warten unverrichteter Sache heimkehren. Dazu kam die Einschränkung auf eine gewisse Tageszeit, die in der Polarnacht (abgesehen von den Mondscheinperioden) durch die Lichtverhältnisse und in minderem Maße allgemein im Hinblick auf die lange Zeitdauer eines Experiments durch die Rücksicht auf die anderen Arbeiten der Expedition geboten war. Rasch vorübergehende Wetterlagen ließen sich jedenfalls kaum ausnutzen.

Der Ballonschuppen hatte kubische Form und war groß genug, einen 18 m³ Ballon aus gummiertem Stoff, der als Reserve diente, aber niemals verwandt wurde, zu bergen. Bei der ausschließlichen Verwendung von Gummiballonen mit ca. 5—7 m³ Füllung hätte er zweckmäßiger eine andere Form erhalten, um mehrere derartige Ballone aufnehmen zu können.

Im Drachenschuppen fanden bis 4 Drachen verschiedener Größe Platz, allerdings so knapp, daß sie beim Ein- und Ausbringen leicht zu Schaden kamen. Ein Anbau an dieser Hütte sollte im Notfall vorübergehend Unterkunft bieten und ferner dazu dienen, Wasser für einen großen Azethylenscheinwerfer zu bereiten und den 6 PS.-Fahrradmotor der Drachenwinde anzuwärmen. Es erwies sich indes auch nach Abstellung kleinerer Mängel der Zündung unmöglich, den Motor schon bei mäßiger Kälte in Betrieb zu halten; dazu hätte es einiger schwer ausführbarer Änderungen bedurft. Daher wurde auf Motorbetrieb gänzlich verzichtet, und andererseits waren im mittäglichen Zwielicht Drachen und Ballon auf genügende Entfernung zu erkennen, um den Scheinwerfer entbehren zu können[1]). Der Raum blieb fortan ungeheizt und leistete gelegentlich gute Dienste zum Fertigmachen der Registrier-Instrumente und unter gewissen Verhältnissen zur Anfangs-Einstellung des Thermographen.

Über die praktischen Erfahrungen bei Fesselballonaufstiegen hat der eine von uns an anderer Stelle berichtet[2]); leider müssen unerwartet und ungewöhnlich die günstigen Ergebnisse, die wir, nachdem die eigentlich zu diesem Zweck bestimmten Ballone eines einheimischen Fabrikats sich als sehr wenig brauchbar erwiesen, mit dem Material der Russian-American India rubber Co. erzielten, nach den Erfahrungen unserer Nachfolger als zufällige angesehen werden, und demnach müssen auch die Folgerungen, die daraus für den Gebrauch solcher Ballone auf Polarexpeditionen allgemein gezogen wurden, in ihrer Gültigkeit stark eingeschränkt werden.

Die Schwierigkeiten bei Drachenaufstiegen waren nicht die, mit denen man am ehesten zu rechnen gewohnt ist. Kein Aufstieg gelang, bei dem der Drache nicht aus der Hand abgeflogen wäre und kaum je ist ein Drache unruhig geworden, niemals aber ins Schießen gekommen, selbst wenn — wie häufig — die Windstärke periodisch stark schwankte und auch wenn, was selten geschah, die Windrichtung schräg zur Richtung des Adventtals stand. So machte auch das Landen der Drachen wenig Mühe. Jedoch reichte die Windschicht in den allermeisten Fällen über einige hundert Meter nicht hinaus, und der Drache war — zu mindest bei unserem Handbetrieb — durch rasches Einholen nicht höher zu bringen, so daß der Erfolg des Aufstiegs in keinem Verhältnis zur aufgewandten Arbeit stand. Ob man in größerer Höhe genügend Wind finden würde, war ohne vorhergehende Pilotvisierung kaum zu entscheiden, und kam einmal — unerwartet — ein höherer Aufstieg zustande, so fand der Drache meist oben gleich soviel Wind, daß wir — auf Handbetrieb angewiesen und auf drei Mann beschränkt — eigentlich stets auf einen unglücklichen Ausgang gefaßt sein mußten. Immerhin haben uns in den wenigen Fällen, in denen mit Drachen 1000 m überschritten werden konnten, glückliche Zufälle begünstigt. Der einzige

---

[1]) Für manche Hantierungen an der Winde etc. war natürlich künstliche Beleuchtung erforderlich. Wir bedienten uns mit gutem Erfolg elektrischer Handlampen, deren Batterie bei strenger Kälte unter der Oberkleidung getragen wurde. Unser Petroleum war jedenfalls verschieden von dem, das auf anderen Expeditionen sich gut bewährt hatte; jedenfalls versagten Petroleumlampen regelmäßig unter —30°. — Beim Auspacken des Scheinwerfers zeigte sich, daß die betr. Kiste als Zielscheibe für Schießversuche gedient hatte, wobei mehrere Kugeln den Apparat schwer beschädigt hatten!

[2]) G. Rempp. Anhang zur Arbeit „Zur Technik der Registrieraufstiege mit Gummiballonen“, Anhang zum Deutschen Meteorologischen Jahrbuch 1907, Teilheft Elsaß-Lothringen. Straßburg 1912. — Dortselbst auch einiges über unsere Erfahrungen mit Pilotballonen. — Im Nachwinter und Frühjahr waren wir bei fast allen Fesselballonaufstiegen nur zwei Mann.

Abreißer entsprang einem — allerdings durch uns verschuldeten — Fehler im Draht.

Es kann nach alledem nicht verwundern, wenn Ballonwetter viel intensiver ausgenutzt wurde als Drachenwetter; den 61 Fesselballonaufstiegen stehen nur 17 Drachenaufstiege gegenüber [1]).

Freie Registrierballonaufstiege.

Zum Verfolgen und Aufsuchen von Registrierballonen besaß die Expedition ein kleines Motorboot von (nominell) 3 PS., das sich aber von vornherein als etwas schwach für den häufig im Eisfjord herrschenden Seegang erwies und überdies leider nach kurzer Zeit havarierte. Zudem waren wir bis Oktober zu sehr mit der Einrichtung der Station beschäftigt, um an derartige Experimente denken zu können. Nach Wiederkehr des Lichts gaben an heiteren Tagen die Piloten in größeren Höhen ganz überwiegend Winde aus nördlichen Richtungen an und sehr oft von bedeutender Stärke. Alles in allem fanden wir nur drei Tage, an denen ein Registrierballonaufstieg unter Berücksichtigung der Terrainverhältnisse in unserer Umgebung aussichtsreich schien. An einem, an dem die Windverhältnisse für

[1]) In der folgenden tabellarischen Übersicht sind die Abreißer (1 bei Fesselballon-, 1 bei Drachenaufstiegen, letzterer max. Höhe ca. 2400 m) nicht berücksichtigt.

Fesselballone	Höhe:	<500 m	500—990 m	1000—1490 m	1500—1990 m	2000—2490 m	≥2500 m
	Anzahl:	1	7	17	21	10	4

Mittlere Höhe: 1590 m

Drachen	Höhe:	200—290 m	300—490 m	500—990 m	1000—1490 m	>1500 m
	Anzahl:	3	6	4	0	3

Mittlere Höhe: 688 m

Ausgangstemperatur:	unter —40°	unter —30° bis —40°	unter —20° bis —30°	unter —10° bis —20°	unter 0° bis —10°	0° und höher
Anzahl Fesselballone:	1	16	14	18	7	4
Anzahl Drachen:	—	—	2	5	9	—

Verteilung der Aufstiege auf die einzelnen Monate.

	1911	Sept.	Okt.	Nov.	Dez.	Jan.	Febr.	März	Apr.	Mai
Fesselballone	Anzahl	5	1	3	6	13	12	7	6	7
	Mittl. Höhe	2050	—	920	1520	1610	1580	1340	1520	1800
	Größte Hühe	2520	2170	950	2800	2120	2670	2310	1720	2300
Drachen	Anzahl	—	3	4	5	1	—	2	1	—
	Mittl. Höhe	—	890	770	390	—	—	610	—	—
	Größte Höhe	—	2000	1570	560	1690	—	760	420	—

einen Aufstieg ohne künstliche Höhenbeschränkung einigermaßen günstig aussahen, unterblieb der Versuch aus anderweitigen Gründen, an den beiden anderen gelang ein Aufstieg auf 7340 resp. 4820 m. In beiden Fällen wurde ein Ballon mit Fallschirm und Signalpilot verwandt und der Ballon elektrisch durch Zeitkontakt vom Fallschirm getrennt.

Jedesmal waren es Übergangswetterlagen, die hinreichend geringe Windstärken in den untersuchten Höhen schufen; gerade deshalb war aber die zeitliche Änderung der Windverhältnisse so stark, daß es namentlich im ersten Falle, wo infolge eines Unfalls viele Stunden zwischen der Pilotvisierung und dem Auflassen des Registrierballons vergingen, fast ein glücklicher Zufall genannt werden darf, wenn das Instrument wiedergefunden wurde. Um so mehr, als ganz offenbare Zufälligkeiten eine Rolle spielten: ein Versehen um drei Minuten bei der Einstellung des Zeitkontakts bewirkte, daß das Instrument nicht im Gebirge, sondern auf dem Westabhange des Adventals in ca. 100 m Höhe und in ca. 17 km Entfernung vom Auflaßpunkte (Strand bei Longyearcity) landete und nach wenigen Stunden gefunden war. Das zweite Mal lag der Landungspunkt auf dem Ostabhang des Nordenskiöldberges.

Pilotballonvisierungen.

Von den 160[1]) Pilotvisierungen wurden einige wenige in Adventpoint ausgeführt, wo ein Bungescher Theodolit stationiert war; die allermeisten Piloten aber wurden im Lagerhaus am Strande gefüllt und von einem benachbarten Platze aus verfolgt, dessen Lage im allgemeinen genügend frei war; bei starken Oberwinden sind allerdings eine ganze Reihe von Ballonen hinter den Bergen verschwunden. Wir benutzten hier einen de Quervain-Bosch'schen Theodoliten, bei dem, von der besseren Optik abgesehen, gerade die weniger kompendiöse Bauart angenehm war; sie erleichterte das Hantieren in der schweren Winterkleidung und gestattete sogar im Notfall die Verwendung von Fausthandschuhen, die freilich bei zweckmäßiger Kleidung niemals[2]) notwendig war, obwohl der Theodolit ganz frei stand; nur einen passenden Gesichtsschutz haben wir ungern entbehrt. Bei der Klarheit der Luft konnten Ballone öfter bis 40, einmal über 50 km horizontaler Entfernung verfolgt werden; aus dem gleichen Grunde störte die Sonne sehr wenig. Dagegen wurde im Herbst und Frühjahr an manchem sonst günstigen Tage das Visieren vereitelt durch

---

[1])

Maximalhöhe:	< 4 km	≥ 4 km	≥ 7 km	≥ 8 km
Anzahl:	93	67	43	30

[2]) Bei den Visierungen am 5. Febr. bezw. 31. März 1911 war die Temperatur -34^{0} und -32^{0}; am 28. Febr. und 1. März -19^{0} bis 20^{0} bei Wind von 12 bis 15m/sec.

Tafel 1.

April 1912

Westseite des Adventtals, von Advenpoint aus gesehen.[1])

Mai 1912

Longyearcity.

---

[1]) Infolge der Klarheit der Luft fehlt die Luftperspektive fast ganz und damit das Maß für die Entfernungsschätzung. Vom Maschinenhaus zum Ballonschuppen sind es 4 km!

Mai 1912

Fesselballonaufstieg.
Das Instrument wird abgenommen.

Mai 1912

Der Ballonschuppen wird geschlossen.

das Schneetreiben, das jeder stärkere Wind solange hervorbringt, als überhaupt lockerer Schnee vorhanden ist. Wolken waren vielfach so dünn, daß die Ballone selbst unter kleinen Höhenwinkeln lange Zeit durch dieselben hindurch sichtbar blieben. Mit rotgefärbten Ballonen, die bei niedrigen Sonnenständen sich besser eigneten — leider hatten wir nur die kleineren Größen in dieser Farbe — hatten Visierungen im Zwielicht noch einigen Erfolg bis zu negativen Sonnenständen von 5—5½°[1]).

Versuche, während der Dunkelzeit die Ballone durch angehängte Leuchtkörper sichtbar zu machen — ein Verfahren, das wir begreiflicherweise in der Heimat nicht hatten erproben mögen —, waren wenig glücklich. Beim Hin- und Herpendeln, das auch den Anfang der Verfolgung sehr erschwerte, erloschen die Leuchtkörper sehr leicht, ohne besondere Vorkehrungen oft schon gleich beim Loslassen der Ballons; außerdem hob sich ihr Licht in einiger Entfernung zu wenig von den Sternen ab, und schließlich war am Fernrohr eine genügend schwache und gleichmäßige Beleuchtung des Gesichtsfeldes nicht leicht zu improvisieren. Es gelang uns bestenfalls nur etwa 1000 m zu erreichen, so daß wir die Methode bald ganz aufgaben.

September 1911.

Meteorologische Basisstation und Aussicht auf die Ostseite des Adventtals.

Als Notbehelfe zur Feststellung der Windverhältnisse in den untersten Höhenkilometern während der Dunkelzeit waren Fesselballonaufstiege ohne Instrument vorgesehen mittels Gummiballonen von nur 0,5 kg Eigengewicht an 0,2 mm starkem Stahldraht. So wie die Verhältnisse lagen, und bei dem ausgezeichneten Verhalten unserer gewöhnlichen Fesselballone hätten diese Versuche weder an Zeit noch an Gas eine Ersparnis bedeutet und unterblieben deshalb.

[1]) Letzte Visierung am 9. Nov. 1911, erste am 5. Febr. 1912.

Dämmerungsaufnahmen.

Für farbige Aufnahmen der außerordentlich eindrucksvollen Dämmerungserscheinungen hatte Herr Geh. Reg.-Rat Miethe der Station eine Dreifarben-Kamera zur Verfügung gestellt; leider konnte sie nur sehr wenig in Aktion treten, hauptsächlich weil ihre Kassetten für niedrige Temperaturen ungeeignet waren.

Magnetische und seismische Registrierungen.

Für magnetische Arbeiten besaß die Station einen Satz magnetischer Variometer, den Toepfer (Potsdam) soeben für das Observatorium auf dem Obir fertig gestellt hatte, für seismische eine Komponente eines bifilaren Kegelpendels nach Dr. Mainka (kleines Modell, 136 kg), nebst Kontaktuhr und den notwendigen Nebenapparaten.

Absolute magnetische Messungen mußten leider ausfallen, da ein magnetischer Theodolit leihweise nicht zu erhalten war. Die Aufstellung und Besorgung der magnetischen und seismischen Apparate hatten wir geteilt, erstere kamen Wagner, letztere Rempp zu.

Die magnetische Hütte kam ins Longyeartal zu stehen, etwa 350 m von den letzten Häusern entfernt. Sie war teilweise in die Erde eingegraben und dann ganz mit Erde überdeckt. Sie bestand aus einem Hauptraum, wo die Instrumente auf einem in der gefrorenen Erde fundierten Betonpfeiler standen, einem Vorraum, in dem die Lampen hergerichtet, im Sommer gelegentlich auch einmal Registrierstreifen entwickelt wurden — sonst geschah dies im Wohnhause —, endlich aus einem Vorbau gegen das Eindringen von Schnee. Die Temperatur in der Hütte schwankte während der ganzen Betriebszeit (Ende Sept. 1911 bis Juli 1912) zwischen 4^{0} und ca. -18^{0}, doch waren die Temperaturänderungen verhältnismäßig gut gedämpft. Bei den tiefsten Temperaturen brannte die Petroleumlampe nicht mehr ganz gut, und einig wenige Male beschlugen sich anfangs die Linsen; immerhin fehlen im Ganzen nur wenige Stunden in der Registrierung.

Die seismische Hütte wurde in ganz ähnlicher Weise, nur in etwas kleinerem Ausmaß unmittelbar hinter dem Wohnhause erbaut, in welchem die Kontaktuhr untergebracht war. Der Vorraum diente hier zur Aufbewahrung eines Vorrats berußter Papiere und unfixierter Registrierungen; berußt und fixiert wurde im Hause. Die Hütte wurde erst im Oktober fertig und konnte daher nicht mehr mit Erde eingedeckt werden; statt dieser wurde Abfallkohle — die verhältnismäßig billig erhältlich war — verwandt, aber naturgemäß recht sparsam. Temperaturschwankungen vermochte deshalb die Hütte — zumal im Anfang, wo die Anschüttung ganz ungenügend war — nicht ganz in dem Maße abzudämpfen wie die magnetische (trotzdem diese der Lampe wegen ventiliert sein mußte), bis Ende Februar eine Schneewehe die Hütte völlig vergrub. Betriebsunterbrechungen auch von längerer Dauer ließen sich leider nicht völlig vermeiden; sie rührten in erster Linie her von Störungen des Triebwerks infolge der Kälte, die einmal einige Zeit hindurch allen Bemühungen trotzten; doch machte mitunter bei Tauwetter auch die Feuchtigkeit zu schaffen, trotz der Anwendung von Chlorcalcium. Das Pendel selbst funktionierte stets gut [1]).

Zeitbestimmungen.

Zur Festhaltung der Zeit besaß die Station, außer der Kontaktuhr des Seismographen, einen Boxchronometer und zwei Taschenchronometer, die vom Reichskolonialamt leihweise überlassen waren; zu Zeitbestimmungen nur ein kleines Hildebrandt'sches Reiseuniversal; es war nämlich — vergeblich — damit gerechnet worden, daß schon 1911/12 funkentelegraphische Verbindung von Adventbai nach Greenharbour und damit die Möglichkeit eines telegraphischen Zeitempfangs bestehen würde. Der astronomische Pfeiler wurde bei der meteorologischen Basisstation erbaut. Seine Koordinaten wurden durch Anschluß an die schwedische Karte bestimmt.

Verschiedenes.

An gelegentlichen Beobachtungen sind außer den rein meteorologischen und meteorologisch-optischen zu erwähnen:

Notizen über die Eisverhältnisse im Eisfjord und unmittelbar davor. Material darüber lieferten die Besteigungen des Nordenskiöldberges sowie fremde und eigene Beobachtungen auf den Postreisen nach Greenharbour.

Ferner ornithologische Beobachtungen, die wir auf Veranlassung von Herrn Prof. Mathey-Dupraz in Colombier bei Neuchâtel vornahmen und die bereits von ihm verwertet worden sind [2]).

Endlich haben wir das Tagebuch des damaligen Stallmeisters der Arctic Coal Co., Finnes, angekauft, der die Zeit vom Herbst 1905 bis Mai 1911, mit Ausschluß der Sommermonate, in Adventcity [3]) bzw. Longyearcity zugebracht hat. Das Tagebuch enthält für den genannten Zeitraum: tägliche Ablesungen eines Minimumthermometers, die allgemeinen

---

[1]) G. Rempp. „Aufstellung und Betrieb eines Seismographen auf der Deutschen Geophysikalischen Station Adventbay 1911/12". — Dortselbst sind auch die Zeitbestimmungen behandelt;

C. Mainka. „Die seismischen Registrierungen der Deutschen Geophysikalischen Station Adventbay 1911/12". Beide Arbeiten in „Beitr. z. Geophysik" im Druck.

[2]) A. Mathey-Dupraz. „Notes ornithologiques recueillies au cours de la croisière du „Großer Kurfürst" au Spitzberg 18 juillet — 16 août 1911". Bulletin de la Société neuchâteloise des sciences naturelles, t. XXXIX. Neuchâtel 1913.

[3]) Ansiedelung der vor mehreren Jahren aufgegebenen englischen Kohlengrube am Ostufer der Adventbai.

Witterungsverhältnisse jedes Tages, Notizen über die Eisverhältnisse in der Bai und im Fjord, endlich die Ankunftzeiten von vier in der Umgebung Longyearcitys brütenden Vogelarten.

Greenharbour 24. Febr. 1912.

Erste Sonne.

Dünner Schmutz befördert die Abschmelzung,
dicker verhindert sie, und veranlaßt einen Gletschertisch.

2. Das Observatorium in der Crossbai 1912/1913.

Von

Dr. Kurt Wegener.

Photographien von Dr. Max Robitzsch.

Im Mai 1912 fragte mich Herr Geheimrat Hergesell, ob ich nach Spitzbergen gehen wolle, um dort zu überwintern. Ich erklärte mich hierzu umso lieber bereit, als ich auf diese Weise Gelegenheit fand, einige schon vorher geplante wissenschaftliche Untersuchungen zu verwirklichen. Voraussetzung war, daß die in Spitzbergen bereits vorhandene, an die amerikanische Kohlenmine angelehnte kleine aerologische Station in der Adventbai vergrößert, selbständig gemacht und mit eigener Mannschaft versehen würde. Dies entsprach vollständig den Anschauungen und Wünschen Herrn Geheimrat Hergesells, so daß unmittelbar mit den Vorbereitungen der Expedition begonnen werden konnte.

Zum Leiter der Station wurde der Verfasser bestimmt, ihn begleitete als Mitarbeiter Dr. Max Robitzsch; als Hilfskräfte wurden angeheuert der Montour Michaelis, und — einige Stunden vor der Abfahrt des Schiffes — der Leichtmatrose Emil Schwarz.

Der Dampfer „Poseidon" des Deutschen Seefischerei-Vereins brachte uns am 17. Juni nach Spitzbergen. Der Eisfjord war erst zur Hälfte offen, so daß Dr. Rempp und Dr. Wagner, unsere Vorgänger in der Adventbai, die um schleunige Ablösung von dort gebeten hatten, mit ihrer Ausrüstung nicht an Bord genommen werden konnten. Als geeignetster Platz für den Aufbau des geplanten selbständigen Observatoriums erwies sich schließlich Ebeltofts-Hafen (s. Karte). Da das Schiff große Eile hatte, wurde Hals über Kopf die Ladung dort gelöscht. Die vier Mann mit ihrem norwegischen Zimmermann standen nun allein, vor sich einen großen Stapel von Brettern, Balken und Kisten mit hieroglyphischen Aufschriften.

Nur das Balkenwerk des Hauses war gemarkt und beschnitten. Jedes andere Holz zum Hausbau mußte erst gesägt und behauen werden. Auf dem Schiff hatte man uns prophezeit, wir würden das Observatorium mit so geringen Arbeitskräften nicht zustande bringen, die Häuser seien dazu zu groß.

Harte Arbeit war es allerdings, aber sie brachte die Überwinterungsmannschaft gleich gut zusammen. Mitte Juli war das Wohnhaus soweit, daß man zur Not einziehen konnte. Am 18. Juli kam der Poseidon wieder aus Tromsø. Er hatte Dr. Rempp und Dr. Wagner jetzt abgeholt, brachte uns deren Instrumente, Ausrüstung sowie die auseinandergesägte Ballonhalle, und holte den norwegischen Zimmermann wieder ab. Nun wurde sofort mit den wissenschaftlichen Arbeiten begonnen. Die meteorologische Hütte, Regenmesser und Bodenthermometer waren schnell aufgebaut. Am 25. Juli war die kleine Ballonhalle wieder soweit zusammengefügt, als es uns möglich war. Wir nagelten sie mit der Rückseite an unseren Schuppen. Etwas wackelig war sie ja. Bei jedem starken Wind gingen wir hinaus, um zuzusehen, wie sie umfiele; aber sie fiel nicht. Am 26. Juli war ein drehbares, auf einer Seite offenes Häuschen für die Drachenwinde fertig. Schwieriger war die Errichtung einer Bergstation auf dem 600 m hohen de la Brise-Berg im Nordwesten, die erst am 8. August zustande kam. Der 13. August brachte uns den Besuch von Herrn Geheimrat Hergesell, der nach eingehender Besprechung noch einen Versuch machen wollte, uns eine kleine drahtlose Station von der Telefunkengesellschaft zum Verkehr mit Greenharbour, der norwegischen spitzbergischen Funkenstation, zu beschaffen. Dr. Robitzsch begleitete ihn auf dem Touristenschiff „Victoria Luise" nach Greenharbour, um sich dort als Telegraphist ausbilden zu lassen. Der August verging, ohne daß Robitzsch zurückkehrte. Mitte September rechneten wir nicht mehr, daß er kommen würde, und richteten alles auf eine Überwinterung ohne ihn ein. In den flachen Buchten bildete sich ja bereits Jungeis. Zu unserer Überraschung erschien er aber doch noch am 28. September mit einem norwegischen Postkutter, der uns auch die von der Deutschen Telefunken-Gesellschaft in dankenswerter Weise zur Verfügung gestellte kleine Funken-

Die Bergstation auf dem de la Brise-Berg.

station brachte. Der Kutter hatte die größten Widerwärtigkeiten über sich ergehen lassen müssen, weil die Jahreszeit zu spät war für kleine Schiffe. Die Mannschaft hatte tagelang nichts Warmes bekommen, denn in schwerem Seegang ist das Kochen unmöglich; und hatte in ihrer Verzweiflung den Alkohol, der zum Anheizen des Motors dient, ausgetrunken. Dr. Robitzsch war bereits darauf gefaßt gewesen, in Greenharbour überwintern zu müssen.

Da sich schon ziemlich starkes Jungeis bildete, beeilte sich der Kutter, wieder fortzukommen. In hilflosem Zustande wurde er dann Anfang Oktober auf hoher See von einem Dampfer an der norwegischen Küste gefunden, und in den Hafen geschleppt.

In den ersten Tagen des Oktober sank die Temperatur in Spitzbergen schon auf — 20°; seit Mitte September lag Schneedecke. Ein Errichten der Masten-Antenne für die drahtlose Station war also ausgeschlossen. Bis Ende April 1913 mußten wir uns vielmehr damit behelfen, die Antenne durch Drachen und Ballons heben zu lassen. Da dies vom Wetter abhängig ist, wurde der Verkehr mit Greenharbour zunächst recht unzuverlässig und kompliziert.

Vermittels einer einfachen Erdantenne erhielten wir die Greenwich-Zeit, die in Greenharbour vom Eiffelturm empfangen wurde, funkentelegraphisch von unserer großen Nachbarstation an jedem Donnerstag bereits vom 4. Oktober ab. Ende November gelang es Dr. Robitzsch, mit einer 200 m langen Erdantenne unmittelbar die Pariser Zeitsignale abzuhören; so daß wir unsere Längenbestimmung mit zweien dieser Signale eingabeln konnten.

Während der Abwesenheit Dr. Robitzschs war auch auf Wunsch Herrn Geheimrat Hergesells eine Gezeitenregistrierung eingerichtet worden, die bis Oktober in Betrieb gehalten wurde. Bevor wir sie im nächsten Frühjahr wieder in Betrieb setzen konnten, brach die große Schneewächte des Ufers mitsamt unserem Pegel zusammen, die Balken wie Streichhölzer knickend, so daß wir alles 1913 ganz neu aufbauen mußten.

Ende Oktober entdeckten wir gelegentlich einer Drachenjagd eine sehr interessante Eishöhle. Über diese Entdeckung ist bereits in Petermanns Mitteilungen August 1913 berichtet worden.

Wir sahen die Sonne zum letzten Mal im Jahre 1912 am 14. Oktober. Das Mittagszwielicht vom 17.—19. Oktober benutzten wir, um in 7 km Entfernung, am Kap Mitra, neben einer Fanghütte ein kleines Haus aus Dachpappe aufzubauen; es sollte als Unterkunft dienen bei beabsichtigten photogrammetrischen Polarlichtaufnahmen und trigonometrischen Wolkenhöhen-Messungen.

Indessen wurde uns die Benutzung der Fanghütte selber von unseren Nachbarn, zwei norwegischen Fangleuten, gestattet, so daß wir unsere eigene Hütte nur für eine gelegentliche Parallelregistrierung der Temperatur an der sehr frei gelegenen Stelle gebrauchten.

Erst am 17. Dezember, mitten in der Winternacht, gelang es uns, durch Auslegung von 8 km Drachendraht auf den Schnee die Verbindung zwischen unseren Basispunkten, dem Observatorium und der Fanghütte, herzustellen, und am 20. Dezember wurden, nach vielen vergeblichen Versuchen und Entmutigungen am Anfange der Winternacht, die ersten photogrammetrischen Aufnahmen des Polarlichts in Spitzbergen erhalten.

Schon am Beginn der Nacht war eine bedauerliche Einschränkung der Fesselballonaufstiege wegen schlechten Materials notwendig geworden. Von 8 Ballonen, die wir damals noch besaßen, platzten drei, bevor sie $1^1/_2$ kg Auftrieb hatten. Dr. Rempp hatte seinen Ballonen bis zu 6 kg freien Auftrieb geben können, also ein besseres und auch reichlicheres Material zur Verfügung gehabt.

Am 21. Februar wurde die Sonne zum erstenmal mittags wieder am Südhorizont gesehen. Anfang Februar wurde die Station durch die unglückliche Schröder-Stranz-Expedition in Mitleidenschaft gezogen, und zu einer Hilfsexpedition veranlaßt. Dr. Wegener, Michaelis und Schwarz waren vom 21. Februar bis 1. März mit der Depotauslegung beschäftigt, die in gemeinsamer Arbeit mit den Leuten Mr. Mansfields aus dem benachbarten (25 km) englischen Marmorbruch in der Kingsbai erfolgte. Nach der Depotauslegung kehrten Michaelis und Schwarz zum Observatorium zurück, um dort die Arbeiten unter Leitung Dr. Robitzschs weiterzuführen, und Dr. Wegener ging mit den drei marschfähigsten Leuten aus der Kingsbai zur Wijdebai, wo die auf der Schlittenreise zusammengebrochenen Leute von Schröder-Stranz liegen sollten. Am 31. März war Dr. Wegener zurück, nachdem er in der Wijdebai festgestellt hatte, daß bei der unglücklichen Expedition keine Not mehr bestand, gegen die eine Hilfe möglich gewesen wäre. (4 Mann im Nordostland sind auf dem Packeise, wahrscheinlich im Oktober zugrunde gegangen. 2 Mann sind in der Wijdebai zwischen 2. und 4. Oktober ertrunken. 1 Mann erfror auf dem Rückmarsch zum Schiff am 24. Dezember. Die auf das Schiff zurückgekehrten, darunter Dr. Rüdiger mit erfrorenem Fuß, überwinterten mit hinreichendem Proviant und Ausrüstung glücklich, abgesehen vom Koch, der an Tuberkulose im Februar starb.)

Dr. Robitzsch, Michaelis und Schwarz wurden Mitte August 1913 abgelöst; Dr. Wegener erst im September, so daß die vier Mann rund 15 Monate in Spitzbergen waren, gegen 12 der Vorgänger und voraussichtlich 10 der Nachfolger.

Von unsern 20 Tons Kohle wurden in diesen 15 Monaten etwa 15 Tons verbraucht. Allerdings hatten wir nur einen Ofen (Dauerbrand) im Haus, der die benachbarten kleinen Zimmer, und, durch Ventilations-Klappen regulierbar, auch die oberen Räume zentral heizte.

Tafel 3.

Das Observatorium von Ost. Ende Mai 1913.

Kleiner Kargletscher (Hergesell-Gl.), Crossbai.

Stirn eines großen Gletschers (14. Juli-Gl.), Crossbai; neben dem Eisklumpen am Ufer ein Mensch als Maßstab.

Das Ufer Oktober 1912.

Die von den Gezeiten gebildete Uferkante März 1913.

Das Ufer Mai 1913.

Schlechter war es uns mit unsern 5 Fässern Petroleum (400 Liter) gegangen. 1½ Faß waren beim Transport leer gelaufen, so daß wir knapp wurden, und das Petroleum war so schlecht, daß es uns vielen Verdruß bereitete.

Wohl noch niemals hat eine so kleine Expedition von nur 2 Gelehrten und 2 Gehilfen abgeschlossen in so hoher Breite überwintert. Freilich lag in der gleichen Zeit an der Ostküste Grönlands eine dänische Expedition von sehr ähnlicher Zusammensetzung, aus dem dänischen Hauptmann Koch, meinem Bruder Dr. Alfred Wegener, und 2 Gehilfen bestehend; aber diese 4 Mann waren mit dem vertraut, was ihnen bevorstand, weil sie bereits in der Arktis als Mitglieder größerer Expeditionen überwintert hatten. Bei uns dagegen handelte es sich durchweg um unerfahrene Mannschaft, von der z. B. nur einer des Schneeschuhlaufens kundig war, und welche die Lebensbedingungen, denen sie entgegenging, nur aus Büchern und Schilderungen kannte.

Aus diesem Grunde haben die sozialen und wirtschaftlichen Einrichtungen, mit denen wir den Gefahren der langen Nacht zu begegnen suchten, ein Recht, wenigstens kurz berührt zu werden. Einer der Gehilfen stand anfänglich ganz unter dem Einfluß jener in der Heimat so wirksamen, durch politische Werbung herbeigeführten Verhetzung des Arbeitnehmers gegen den Arbeitgeber und jeden überhaupt, der den Auftrag hat, zu befehlen: Er vermutete in dem Vorgesetzten den ausbeutenden Unterdrücker. Die Schwierigkeiten und Verlegenheiten, die aus einer solchen Gesinnung erwachsen, haben manche deutsche Expedition in der letzten Zeit davon abgehalten, sich deutscher Mannschaft zu bedienen, nicht gerade zur Ehre der Heimat. Indessen kann in einer so kleinen Gemeinschaft, wie der unsrigen, jedes Standesgefühl und Vorurteil, auch das des Arbeiters, sehr bald angesichts der Gemeinsamkeit der kargen Freuden und zahlreichen Leiden und Sorgen unterdrückt werden, um dem Bewußtsein der Zusammengehörigkeit in einer familienähnlichen Gemeinschaft Platz zu machen.

Jeder hatte einen eigenen, wenn auch nur kleinen Raum, für sich. Alle Mahlzeiten waren gemeinsam; gekocht wurde anfänglich von Dr. Wegener und Dr. Robitzsch, wobei Michaelis und Schwarz langsam kochen lernten. Später kochte fast ausschließlich Michaelis, der in dieser Tätigkeit sehr beliebt war; teilweise auch deshalb, weil er mit den Materialien etwas verschwenderischer umging, als die andern; leider auch, als unsere knappen Vorräte eigentlich erlaubten.

Von Zeit zu Zeit übernahm Schwarz eine Woche. Er erfreute sich keines so guten Rufes, weil er sparsam war. Geradezu gefürchtet war seine Regierung aber wegen seiner ostpreußischen Leibgerichte. „Backobst und Klöße“, letztere aus Mehl und Salz bestehend, gab er so oft hintereinander, bis eine allgemeine Empörung auszubrechen drohte. Es mußte verordnet werden, daß Backobst und Klöße nur einmal wöchentlich gegeben werden dürften. Täglich morgens gab es Kakao, Brot und Butter, im Winter zur Auswahl Kakao und Kaffee. Mittags (1 — 2) aßen wir stets eine Suppe und darauffolgend ein Fleisch-Gemüsegericht mit Dörrkartoffeln; selten dazu eingemachte Früchte. Abends gab es Tee und dazu kalten Aufschnitt, gelegentlich auch ein warmes Gericht. Mittwochs war Seehundsbraten die Mittagsmahlzeit, Sonntags regelmäßig Lummen, Eider-Enten oder Mövenbraten. Sonntags gab es für die 4 Mann sogar eine Flasche Wein, ein- oder zweimal wöchentlich abends Grog, Bier oder konzentrierten Alkohol. — Wer mit der Küche nicht zufrieden war, durfte den Koch ablösen, was die Neigung zur Kritik stark verminderte.

Die Wäsche besorgte Anfangs jeder für sich. Später, als sich für Dr. Wegener und Dr. Robitzsch durch die sofortige Berechnung der Beobachtungen und Zusammenfassung der Ergebnisse die Arbeit sehr häufte, wurde die Wäsche ganz von selbst durch Michaelis und Schwarz allein besorgt. Der Koch wusch auch regelmäßig die Tischwäsche mit.

Flickschuster und Flickschneider war Schwarz, der in dieser Tätigkeit sehr findig war. Die beiden Ämter kamen ihm manchmal etwas durcheinander. So wurden die Rückseiten und die Knie einiger Hosen z. B. mit Schusterleder und Pechdraht wieder geflickt. Abgerissen und geflickt herumzulaufen, ließ sich 1913 nicht vermeiden und war keine Schande. Nur Schmutz wurde als solche betrachtet.

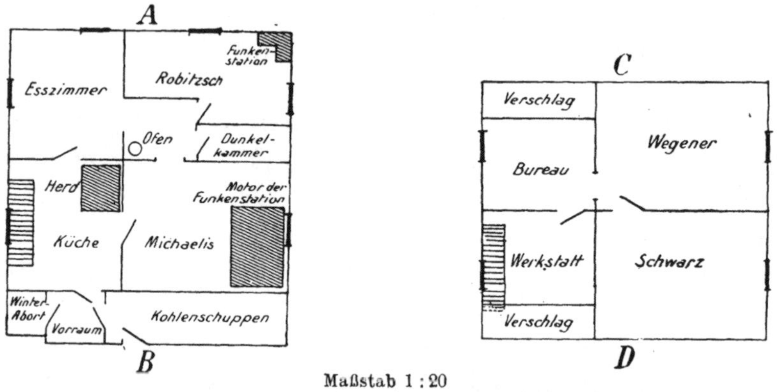

Maßstab 1 : 20

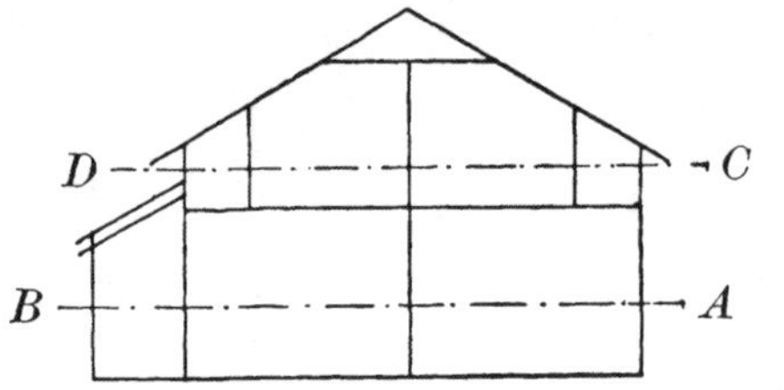

Die Einteilung der Räume ergibt sich aus der nebenstehenden Skizze. Der zentral gelegte Ofen heizte so stark, daß wir ihn niemals mehr als $^1/_4$ füllten. Im allgemeinen reichte sogar während des Winters der Herd in der Küche aus, um das Haus zu erwärmen. Das Haus bestand ja aus fünf Wandschichten: Außenverschalung, Dachpappe,

Balken, Pappe und Innenverschalung. Um gelegentlich lüften zu können, waren an diametral gegenüberliegenden Seiten des Hauses die Fenster zum Öffnen eingerichtet.

Der Abort befand sich 100 m vom Wohnhause entfernt an der Küste; so wurden die Fäkalien durch die See fortbesorgt, und außerdem war jeder täglich wenigstens zu einem kleinen Spaziergang genötigt. Für Krankheitsfälle war aus einer langen, aufrecht gestellten Drachenkiste ein sehr enger Abort am Hause selbst geschaffen worden, mit Zugang zum Vorraum. Außer für den genannten Zweck wurde diese Gelegenheit noch an ca. 9 Tagen während der Überwinterung allgemein benutzt bei zu schlechtem Wetter, weil es wegen Dunkelheit, Nebel oder Schneetreiben nicht gelungen war, das Häuschen an der Küste aufzufinden, oder weil der Weg dorthin gefährlich schien.

Schlimm sieht es in einem so kleinen, einsamen Winterquartier ohne Arzt aus, wenn Krankheit kommt. Die angewandten Kuren sind meist radikal und manchmal wenig zweckentsprechend. Auch hatten wir wohl eine ganz gute Apotheke, aber kein Buch, das uns über die Anwendung informiert hätte.

Beim Hausbau im Sommer 1912 trat sich Dr. Robitzsch einen langen Nagel in den Fuß. Die Wunde heilte gut. Im Herbst verstauchte er sich ein Fußgelenk, was ihn einige Zeit ans Bett fesselte; und kurz vor Beginn der Winternacht bekam er bei einer Pilotballonvisierung infolge vorangegangener Überanstrengung einen Ohnmachtsanfall.

In der Winternacht erkrankten alle 4 Mann leicht nach dem Genuß gebratener Seehundsleber, die wir häufig und gern gegessen haben. Außer Dr. Wegener wurde aber niemand bettlägerig. Die Untersuchung des nicht verwendeten Restes der Leber zeigte, daß diese von der Galle verfärbt war.

Michaelis war bei einer Übung im Schneeschuhlauf Mitte September 1912 unglücklich gefallen, und hatte sich die Haut der Kniescheibe bis auf den Knochen aufgeschlagen. Nach 14tägiger Bettruhe war die Wunde verheilt; Michaelis hat dann auch die meisten Bergbesteigungen in der Winternacht mitgemacht, klagte aber wiederholt über Schmerzen im Knie und scheint eine dauernde Beeinträchtigung der Beweglichkeit desselben davongetragen zu haben.

Schwarz hatte mehrfach über kleinere Zerrungen, und einmal nach einem Sturz von einem in der Dunkelheit nicht bemerkten, etwa 10 m hohen Abhang über Quetschungen zu klagen, die aber meist rasch besser wurden. Auch litt er häufiger an Zahnschmerzen, und gelegentlich an Entzündung des Zahn- und Gaumenfleisches, wahrscheinlich infolge zu starken Rauchens. Kleinere Nikotinvergiftungen traten, wie in jedem Winterquartier, auch bei uns öfters ein.

Nach der Rückkehr von der Schlittenexpedition blieb endlich Dr. Wegener rund 3 Wochen arbeitsunfähig, infolge nachträglichen Kollapses, dicker Füße, und einiger später gut geheilter unbedeutender Frostschäden.

Die Verpflegung der Station war einer Hamburger Firma übertragen worden. Infolge einer ganzen Reihe von Mißverständnissen aber konnte die Firma erst einen Tag vor Abreise des Schiffes den Auftrag ausführen. Die Konserven, die wir bekamen, waren bei der Hast dieser Arbeit zum großen Teil überalterte, die sich zufällig noch vorgefunden hatten, und die ganze Zusammenstellung, die wir gern selber übernommen hätten, war unzweckmäßig und knapp. Frisches Fleisch, frisches Gemüse, Eier und frische Kartoffeln hatten wir gar nicht. Als Ergänzung zu unserm Proviant jagten wir daher 3 Seehunde und ca. 200 Vögel (Lummen, Eider-Enten, Krabbentaucher usw.), die wir alle aufgegessen haben.

Über alle Fragen, gleichviel, worum es sich handelte, wurde, wie sich dies von selbst ergab, gemeinsam bei den Mahlzeiten oder abends nach dem Abendessen beraten. Die definitive Entscheidung mußte von dem getroffen werden, der mit der jeweiligen verantwortlichen Leitung der Arbeit durch Dr. Wegener beauftragt war. Selbst bei den Bergbesteigungen, bei denen oft Michaelis und Schwarz sich selbst überlassen waren, war eine vorherige Bestimmung darüber, wer Führer sein sollte, notwendig, um Mißstimmungen und Zank zu vermeiden: Eine Truppe mag soviel Meinungen haben, als sie Köpfe zählt; aber sie darf nur einen Willen haben.

Über die wissenschaftlichen Ergebnisse geben die folgenden kleinen Listen einen Überblick.

Zahl der Drachen-, Fesselballon- und Pilotballon-Aufstiege.

	Juli	August	Sept.	Okt.	Nov.	Dez.	Jan.	Febr.	März	April	Mai	Juni	Juli	Jahr
Drachen . . .	1	4	3	2	—	1	—	1	—	2	3	1	1	19
Fesselballon	1	18	6	1	3	2	3	—	1	9	23	23	8	98
Pilotballon .	14	32	40	29	9	—	—	6	40	31	38	23	13	275
							Größte Höhe							
Drachen . . .	300	1000	1590	1000	—	130	—	120	—	1160	465	325	1000	1590
Fesselballon	1527	3200	5240	1195	2380	630	1870		1660	4140	3644	5460	2470	5460
Pilotballon .	2500	7800	8700	6200	3700	—	—	3800	14000	9900	10200	10000	6600	14000

Ein ballon sonde, der am 2. August aufgelassen wurde (ca. 10000 m Höhe) in die Nordabhänge des Isachsen Plateaus gefallen ist und sofort gejagt wurde, konnte nicht wiedergefunden werden, wahrscheinlich weil die Jagd zu lange dauerte (18 Stunden), und der Apparat inzwischen durch Schneetreiben verdeckt war.

Bei den schwierigen Verhältnissen der Crossbai ist ein Motorboot für ballon sonde-Jagd notwendig, um rasch über die Bai zu kommen.

Die Höhe der Fesselballonaufstiege wurde dadurch gegen früher gesteigert, daß mehrere Ballons am Draht verwendet wurden.

Außer den meteorologischen Aufzeichnungen an der Basisstation (Observatorium) ist eine Temperaturregistrierung in 600 m Höhe von ca. 300 Tagen vorhanden, zu deren Gewinnung 32 Bergbesteigungen notwendig waren; ferner eine Temperaturregistrierung am Kap Mitra von ca. 100 Tagen und eine Sonnenscheinregistrierung mittels eines in der Winternacht von Dr. Robitzsch entworfenen und gebauten Autographen. Die Gezeiten wurden an 70 Tagen, die Bewegung des Erdbodens mittels eines Mainka-Pendels an ca. 200 Tagen aufgezeichnet. Die geographischen Positionen des astronomischen Pfeilers wurden im November mit direkter Zeitübertragung vom Eiffelturm (Paris) bestimmt; trigonometrisch wurden während der Winternacht an 6 Tagen Wolkenhöhen gemessen. Und endlich wurden die Höhenlage und räumliche Gestalt des Polarlichtes mit ca. 350 Serien- und 69 Parallaxenaufnahmen exakt bestimmt. Außer diesen gelangen noch zwei photographische Aufnahmen des Polarlicht-Spektrums.

Bisher ist von den Ergebnissen der Überwinterung folgendes veröffentlicht:

1. Beschreibung der Gezeiten-Registrierung in der Crossbai auf Spitzbergen. Physik. Zeitschrift, 1912, S. 1223—24, von K. Wegener.
2. Die „Gnipa“-Höhle in der Crossbai auf Spitzbergen. Von Dr. Kurt Wegener. Petermanns geograph. Mitteil. August 1913.
3. Die Deutsche wissenschaftliche Station auf Spitzbergen und die Schröder-Stranz-Expedition. Einleitung von Prof. Dr. H. Hergesell. Die Hilfsexpedition von Cross- und Kingsbai nach Wijdebai von Dr. Kurt Wegener, z. Zt. Spitzbergen. Petermanns geographische Mitteilungen.

In Publikation befindet sich: Die Sonnenscheinregistrierung am Spitzbergen-Observatorium, von Dr. Max Robitzsch, in der Meteorolog. Zeitschrift.

Die Abschmelzung im flachen Hafen Juni 1913.

Das Polarlicht in Spitzbergen nach photogrammetrischen Messungen 1912/13.

Von

Dr. **Kurt Wegener.**

I. Geschichtliches.

Das Problem des Polarlichtes ist an sich ein sehr altes, aber erst die jüngste Zeit hat sich entschlossen, messend an dieses Problem heranzutreten. Paulsen[1]), von dem eine große Anzahl treffender Beobachtungen stammen, versuchte die Höhenlage des Polarlichtes parallaktisch zu bestimmen, indem er von verschiedenen, mehrere hundert Kilometer voneinander entfernten meteorologischen Stationen aus die Lage des Polarlichtes zwischen den Sternbildern zu den meteorologischen Beobachtungsterminen in eine Sternkarte eintragen ließ. Hieraus ergab sich die Höhenlage des Lichtes zu 2—1100 km; indessen ist das Polarlicht eine sehr veränderliche Erscheinung und verlagert sich gelegentlich sehr rasch, so daß nur bei einer sehr großen Zeitübereinstimmung sich die Höhe durch Parallaxe bestimmen läßt. Auch hängt die zeichnerische Darstellung von dem Geschick des Beobachters ab und enthält daher einen großen wahrscheinlichen Fehler. Außer der Feststellung, daß das Polarlicht sich jedenfalls wesentlich außerhalb der Troposphäre abspielt, deren Oberfläche überall auf der Erde zwischen 6 und 15 km gefunden wird, kommt daher den Höhenangaben Paulsens keine bleibende Bedeutung zu. Dauernder ist sein Verdienst, zum ersten Male das Polarlichtspektrum photographiert zu haben, in einer monatelangen Exposition einer photographischen Platte hinter einem Prisma. Die bereits früher (Ångstrøm) gefundene grüne Polarlichtlinie bei 557 $\mu\mu$ wurde auf diese Weise zum ersten Male objektiv zur Darstellung gebracht; es zeigte sich, daß alle andern abgebildeten Linien bekannt waren, und den bekannten Gasen der Atmosphäre angehören. Die grüne Linie mußte allerdings unerklärt bleiben.

---

[1]) Observat. Intern. Polaires 1882 - 83. Expéd. Danoise. Aurores Boréales, Copenhague 1891.

Sur les récentes théories de l'aurore polaire, Bull. de l'académie R. d. sciences de Danmark 1906, Nr. 2.

1890 gelang es dem Göttinger Brendel, das Polarlicht zu photographieren und zwar in Bossekop (Norwegen) auf einer Reise, die er gemeinsam mit dem Geographen Baschin[1]) unternahm. Einen gewaltigen Schritt vorwärts bedeuteten dann die geistvollen Untersuchungen Birkelands und Störmers, die die Frage qualitativ geklärt haben. Birkeland stellte das Polarlicht künstlich dar, indem er Kathodenstrahlen in einem mit reinem Wasserstoff von < 0,1 mm Druck gefüllten Glasbehälter auf eine Terella fallen ließ, der er, soweit möglich, die magnetischen Eigenschaften der Erde gegeben hatte und die mit einer fluoreszierenden Lösung bestrichen war. Die Kathodenstrahlen werden im magnetischen Felde des Erd-Modells abgelenkt, drängen sich hierdurch an bestimmten bevorzugten Stellen zusammen und verursachen eine dem Polarlicht analoge Leuchterscheinung auf der Oberfläche der Terella.

So ließen sich die Gürtel der größten Polarlichthäufigkeit um die beiden magnetischen Pole und bevorzugte Stellen der Erdoberfläche für das Auftreffen der Kathodenstrahlen anschaulich demonstrieren. Allerdings wäre das Experiment vollständig zwingend nur dann, wenn man in demselben Verhältnis, in dem die Erde und ihre Kraftlinien verkleinert zur Darstellung gelangen, auch die Geschwindigkeit der Kathodenstrahlen herabsetzen könnte; auch wird im Experiment das Aufleuchten des Polarlichtes durch das Zusammendrängen der Kathodenstrahlen in einem Gas konstanter Dichte und den Aufprall auf die terella zustande gebracht, während in Wirklichkeit die Kathodenstrahlen durch die Dichte der Atmosphäre, auf welche sie treffen, gebremst werden, wobei ihre Bewegungsenergie sich in den obersten Schichten der Atmosphäre in Lichtwellen umwandelt. Aber diese Einwände und welche sonst noch genannt werden könnten, sprechen nicht gegen die Beweiskraft des Birkeland'schen Experiments, sondern erklären nur, weshalb die von ihm nachgewiesenen Leuchterscheinungen nicht vollständig mit denen der Polarlichter übereinstimmen können. Störmer rechnete dann theoretisch die wirklichen Bahnen einer Reihe von Kathodenstrahlen, die von der Sonne ausgesandt werden, im magnetischen Felde der Erde aus, und Birkeland wies den Zusammenhang zwischen den der Erde zuströmenden Kathodenstrahlen der Sonne bezw. den Polarlichtern und den magnetischen Strömungen nach, die unmittelbar als eine Folge dieser elektrischen Strömungen erscheinen.

Diese mühsamen Arbeiten von Birkeland und Störmer, die zum großen Teil auf Anregungen von Paulsen, Lenard und anderen fußen, stellen einen bemerkenswerten Fortschritt der Forschung auf dem Gebiete des Erdmagnetismus und der Polarlichter dar, denn sie gehen, im Gegen-

---

[1]) Met. Zeitschrift 1900, S. 278.

satz zu den Arbeiten Adolf Schmidts, Schusters, Bauers u. a. m., die den klassischen Gedanken von Gauß folgten, von neuen Gesichtspunkten der Untersuchung aus.

Störmer stellte sich nun weiter die Aufgabe, auf einer Expedition nach Bossekop, die er mit Birkeland jun. unternahm[1]), zuverlässige, von subjektiver Auffassung freie Bilder der Polarlichter zu sammeln und eine exakte Methode der Höhenmessung auszubilden. Diese Arbeit bildet die Grundlage der hier vorgelegten Beobachtungen und Untersuchungen. Polarlichtphotographien sind seit Brendel auf mehreren Expeditionen, so auch gelegentlich der russisch-schwedischen Gradmessung in Spitzbergen 1899/1902 von Herrn Westmann, aber ohne sonderlichen Erfolg, versucht worden. Die meisten polaren Expeditionen haben sich damit begnügt, Zeichnungen und oft sehr phantasievolle farbenprächtige Bilder zu veröffentlichen, in denen alle charakteristischen physiologischen Störungen des Sehens in der Polarnacht, vor allem die Kontrastwirkung, bezw. die Akkommodation des Auges an die Dunkelheit und das „Blenden" zum Ausdruck gelangen.

In der Störmerschen Arbeit hingegen finden wir zum erstenmal umfassend die subjektive Auffassung des menschlichen Auges durch die photographische Platte ersetzt, und seine Serienbilder sind so schön und zeigen den Verlauf eines Polarlichtes so klar, daß es fast unnütz schien, das kinematische Material über das Polarlicht noch zu vergrößern.

II. Die Störmerschen Höhenmessungen.

Weniger gut steht es mit den Störmerschen Höhenmessungen der Polarlichter bei jener ersten Expedition, bei der über die tatsächliche Höhenlage und räumliche Gestalt des Nordlichts praktisch nichts im voraus bekannt war.

Die älteren Höhenmessungen, die auf trigonometrischen Okularbeobachtungen beruhten, von denen die Tromholts (mittlere Höhe 113, tiefste 76, höchste 164 km) besonders bemerkenswert scheinen, hatten so widersprechende Ergebnisse geliefert, daß Abbe in seinem Referat: The altitude of the Aurora above the earths surface (die Höhe des Polarlichts über der Erdoberfläche), Terrestrial Magnetisme, vol III, 1898, S. 5, mit einigem Recht an der Möglichkeit einer Höhenbestimmung überhaupt zweifeln konnte.

Diese Möglichkeit selbst nun hat Störmer auf jener ersten Expedition

---

[1]) Bericht über eine Expedition nach Bossekop zwecks photographischer Aufnahmen und Höhenmessungen von Nordlichtern (Videnskabs selskapets Skrifter I. Mat. Naturw. Klasse 1911, Nr. 17).

bewiesen, indem er von den telephonisch verbundenen Endpunkten einer ausgemessenen Basis zu gleichen Zeiten das Polarlicht photographierte. Aus der Parallaxe der mitphotographierten Sterne, der Winkelhöhe der Sterne und der Richtung und Länge der Basis ergab sich dann die Höhe des Lichtes. Die erreichte Genauigkeit aber genügte noch nicht, weil die Basis von 4 km zu klein war, so daß Störmer im Frühjahr 1913 auf einer neuen Expedition mit großer Basis (28 km) und verfeinerter Technik die Messungsreihe wiederholt hat.. Mit der ursprünglich verwendeten Basis gaben 100 km Höhe im Zenith nur 3 mm Parallaxe auf den Bildern.

Ferner wurde auf beiden Basisstationen, die telephonisch mit einander verbunden waren, bei der ersten Expedition mit verschiedenen Platten und verschiedenen Objektiven gearbeitet und die Platten dann erst durch Vergrößerung und Verstärkung vergleichbar gemacht.

Bei diesem Verfahren können leicht Veränderungen der Bilder eintreten, die dann Fehler bei der Ausmessung zur Folge haben. Als maximale Höhen fand Störmer 370 km. Indessen geben 200 km Höhe im günstigsten Fall nur noch 1,5 mm Parallaxe auf seinen Bildern; auch fallen selbst gleiche Platten aus ein und derselben Plattenschachtel immer noch verschieden genug aus, um eine tatsächlich vorhandene Parallaxe von 1,5 mm verschwinden zu machen wegen verschiedener Empfindlichkeit gegen die Belichtung.

Ein anderes Bedenken läßt sich gegen die niedrigen Höhen von 40—60 km Höhe, außer der Verzerrung der photographischen Schicht auf der Platte erheben. Alle diese tief hinabreichenden Lichter werden nämlich hervorgerufen durch Kathodenstrahlen, welche stark veränderlich sind, wie letzteres auch die Störmerschen Kinematographenaufnahmen vortrefflich demonstrieren. Hier muß also die Belichtungszeit auf beiden Stationen eine sehr genau übereinstimmende sein.

Je größer der Zeitfehler oder je kleiner die Expositionszeit und je größer die Veränderlichkeit des Lichts, um so kleinere Höhen wird man bekommen, denn um so weiter hat sich inzwischen das Licht verlagert. Dies ist gegenüber den zahlreichen Vorteilen ein Nachteil sehr kurzer Expositionszeiten. Endlich kann auch hier die verschiedene Empfindlichkeit der Platten eine falsche Parallaxe vortäuschen, indem die eine Platte einen Lichteindruck noch auf einer Stelle wiedergibt, auf der die andere Platte nicht mehr geschwärzt wurde.

Auch die Ausmessung der Platten durch verschiedene Rechner wird wegen der etwas kleinen Parallaxe verschiedene Werte geben. So fand ich z. B. bei der Ausmessung der von Störmer auf Tafel 51 publizierten Parallaxenbilder (14. 3. 1911, 9h 29m) statt einer Höhenlage zwischen 200 und

370 km eine runde Höhe von 120 km, ohne imstande zu sein, andere Höhen aus diesen Bildern garantieren zu können.

Aber durch die neuere Expedition Størmers nach Bossekop, die fast zu der Zeit begann, zu der unsere Arbeiten aufhörten, ist nunmehr mit einer Basis von 28 km und unter Vervollkommnung aller auf der ersten Expedition gebrauchten Hülfsmittel, ein sehr genaues Ergebnis gewonnen worden, das die früheren Resultate bestätigen oder ergänzen wird, und dem man mit Spannung entgegensehen kann.

III. Die Technik der Höhenmessungen im Deutschen Winterquartier 1912/13.

Im Frühjahr 1912 hatte Herr Wiechert den Verfasser zu einer Expedition angeregt, die unter Benutzung der Erfahrungen Störmers genaue Höhen des Polarlichts messen sollte. Der Plan scheiterte an dem Mangel an Geldmitteln. Da bot sich überraschend dem Verfasser dieser Arbeit die Gelegenheit, in den Diensten des Herrn Geheimrat Hergesell auf ein Jahr nach Spitzbergen zu gehen, als Leiter einer dort zu errichtenden aerologischen Station. Als Mitarbeiter wurde Herr Dr. Max Robitzsch aus Marburg gewonnen, der bereits viel photographisch gearbeitet hatte, und nicht nur mit dem Verfasser gemeinsam die hier zu besprechenden gleichzeitigen photographischen Aufnahmen der Polarlichter gemacht, sondern auch sämtliche Platten dann entwickelt hat. Als Gehülfen hatten wir den 32jährigen Monteur Wilhelm Michaelis, der zugleich Koch für alle war, und den 20jährigen Leichtmatrosen Emil Schwarz mit. Die Polarlichtmessungen konnten nur so weit von uns verfolgt werden, als die übernommenen aerologischen und meteorologischen Pflichten dies zuließen. Leider war ferner die bis zur Ausreise verbleibende Zeit von 10 Tagen so knapp, daß die Polarlichtausrüstung nicht mehr von uns beschafft und untersucht werden konnte. In sehr dankenswerter Weise wurde dies von Herrn Dr. Stuchtey in Marburg besorgt, der die pünktliche Nachsendung der Apparate und Platten veranlaßte. Seiner liebenswürdigen Mühewaltung verdanken wir es, daß wir überhaupt in Stand gesetzt wurden, die Messungen auszuführen. Von den erforderlichen 800 Mk. erhielt der Verfasser durch Vermittelung seines Bruders Dr. Alfred Wegener 400 Mk. von der dänischen Expedition Koch-Wegener, die unter Leitung des dänischen Hauptmanns Koch zwecks einer Durchquerung Grönlands im Juni 1912 zur Überwinterung am Kap Bismarck aufbrach. Die übrigen 400 Mk. wurden durch Vermittelung Herrn Wiecherts von der Kgl. Gesellschaft der Wissenschaften zu Göttingen gegeben, wofür hier der herzlichste Dank ausgesprochen sei.

Die Basisstationen.

Als die eine der beiden Basisstationen wurde das Observatorium selbst gewählt. Dieses liegt an der Westküste eines langen Fjords (Crossbai), der NNE—SSW streicht. Es ist in weitem Halbkreise von 500—600 m hohen Bergen umgeben, die im Norden in 1 km, im Süden 3 km Entfernung mit recht steilen Abhängen an den Fjord herantreten und deren Fuß im Westen 4 1/2 km vom Observatorium entfernt ist. Die Polarlichter waren in Spitzbergen weit überwiegend keine örtlich beschränkten Erscheinungen, an denen man einzelne Punkte parallaktisch ausmessen konnte, sondern meist Bänder von sehr großer Länge und Gleichförmigkeit, die das Bestreben hatten, sich senkrecht zum magnetischen Meridian zu stellen. Es war also notwendig, die Basis möglichst so zu wählen, daß sie in die Richtung des magnetischen Meridians fiel, soweit die örtlichen Verhältnisse dies gestatteten. Das ist NNW—SSE. Am günstigsten wäre daher das 10 km südlich gelegene Südkap der gegenüberliegenden Ostküste gewesen. Da aber der Fjord zu jedem Voll- und Neumond durch Gezeitenhub und starke Flut- und Ebbeströmungen wieder aufgebrochen und von Eis entleert wird, so ist er praktisch unpassierbar; wir mußten uns daher mit einer 7,0 km SSW in der Nähe des Kap Mitra gelegenen alten Fanghütte begnügen, die periodisch von zwei norwegischen Fängern besucht, uns aber zur Verfügung gestellt wurde. Da wir wegen der stets vereisten steilen Abhänge des Gebirges viel Zeit brauchten, um diese Basisstation 2 zu erreichen (meist 4, gelegentlich 7 Stunden, in einem Fall mußten wir sogar unverrichteter Sache wieder zurückkehren, weil wir uns infolge Dunkelheit, Nebel und Staubschnee verirrt hatten), konnten wir nicht erst hingehen, wenn das Polarlicht erschien, sodern mußten uns dort fest niederlassen und einige Tage warten, bis ein Polarlicht kam.

Der Aufenthalt in der Fanghütte war nie angenehm, wegen des schwer zu beschreibenden Schmutzes und Geruches. Auch hatte die Hütte für den Verfasser sowohl wie für Herrn Dr. Robitzsch nicht Stehhöhe. Bei schlechtem Wetter war man zur völligen Untätigkeit verurteilt, und dann wurde das nur durch Schlafen, Kochen und Rauchen erfüllte Leben dort ganz unerträglich. So ließ sich die Niederlassung in der Fanghütte immer nur auf kurze Zeiten ermöglichen. Folgende Liste zeigt die Verteilung der Rollen.

Im Fanghaus.

Dr. Wegener, Schwarz	12., 13. XII., 15. XII., 18., 19., 20., 21. XII., 2., 3., 4., 5., 6., 7. I., 31. I., 1. II., 5., 6. II., 7., 8. II.
Dr. Robitzsch, Michaelis	28., 29. XII., 3., 4., 5. II.

Die Verständigung zwischen den Basisstationen.

Die wohl einfachste und zuverlässigste Art der Verständigung auf 10—15 km, nämlich die durch Lichtsignale (Morsezeichen), kam für uns nicht in Betracht, weil die beiden Basisstationen durch den 500 m hohen Willeberg getrennt waren; dies verhinderte auch einen funkentelegraphischen Verkehr. Nach zahlreichen deprimierenden Enttäuschungen wurde daher am 17. Dezember, also kurz vor der Mitte der Winternacht, eine telegraphische Drahtverbindung hergestellt, indem 8000 m Drachen-Draht von 0,9 mm Durchmesser auf dem Schnee ausgelegt wurden; obgleich es zweifelhaft schien, ob wir mit den wenigen vorhandenen Taschenelementen den großen Widerstand des Drahtes würden bewältigen können.

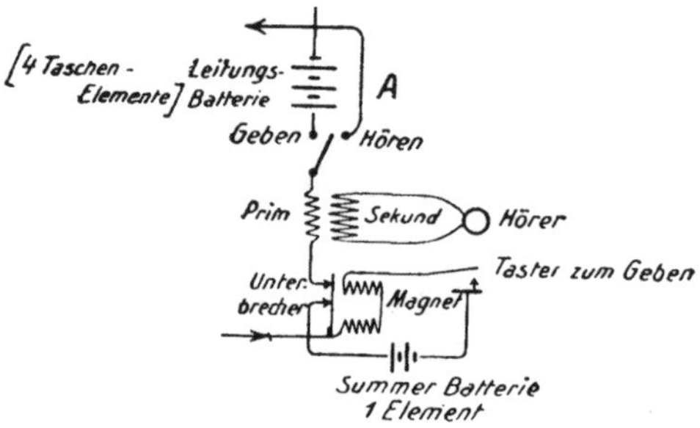

Als Rückleitung dient der Fjord. Die Apparate zum Geben und Empfangen waren nach dem nebenstehenden einfachen Schema gebaut. Es zeigte sich, daß die Verbindung ausgezeichnet funktionierte.

Zu verabredeten Zeiten wurde wachweise auf je einer Seite dauernd gehört — denn Klingelanruf konnten wir nicht geben — und wenn die andere Seite etwas zu melden fand, schaltete sie dann ihre Leitungsbatterie A ein („Geben“) und konnte nun durch Herunterdrücken des Tasters zum Geben den Strom summend unterbrechen. Zur Vereinfachung des Verkehrs — die Polarlichter warten nicht und verändern oft sehr rasch ihren Ort — wurden eine Reihe von Vereinbarungen festgesetzt. Diejenigen Sterne, die wir aus dem leider für unsere Zwecke recht dürftigen Nautischen Jahrbuch ermitteln konnten, wurden zu zwei identischen den beiden Stationen zugeteilten Sternkarten zusammengestellt und numeriert. Von den Nummern kamen nur wenige in Betracht; vor allem 1 (Polarstern), 2—10 (großer Bär), 25—28 (Cassiopeia), 39 (Capella) und 45 (Castor und Pollux).

So gelang es, mit primitiven Mitteln die 7 km zu überbrücken, und obendrein mitten in der arktischen Winternacht. Wenn auch die Basis hinter dem Optimum von 20 km noch weit zurücksteht, so ist sie doch fast doppelt so groß als die Størmers, und mit ihrer Hülfe wurden nun zum ersten Male auf einer arktischen Expedition Polarlichthöhen gemessen.

Bei einer ca. zehntägigen Tauwetterperiode im Januar ging die Isolation unserer Telegraphen-Verbindung verloren; aber wie stets bei Tauwetter und Südwind, so herrschte auch in dieser Zeit bedeckter Himmel, der alles Polarlicht verdeckte, und als am 17. die Temperatur wieder auf —25° herabging, wurde auch die Isolation wieder befriedigend. Infolge starken Schneefalles sank ferner Ende Januar das Eis des Ebeltoft-Hafens so stark, daß das Seewasser darüberfloß, und nun war definitiv die Verbindung unterbrochen. Dies wurde am 31. Januar festgestellt und am 1. Februar wurde die Strecke über die Ebeltoft-Bucht neu gelegt. Der Draht lag zu dieser Zeit durchweg unter 10—20 cm festem Eis.

Im praktischen Betriebe waren Michaelis und Schwarz als Telegraphisten tätig, und Herr Dr. Robitzsch und der Verfasser photographierten. In der Regel hatte die Fanghütte das Kommando, weil man hier mit einem einzigen Schritt aus der Mitte des Hauses ins Freie gelangen konnte, und dort sogleich, infolge des niedrigen Daches, einen vollständigen Rundblick hatte. Nach dem Anruf wurde das Zeichen s (= Stern) gegeben; wenn der Empfang des Zeichens durch ve bestätigt war, folgte sofort die Nummer des Sterns, auf den eingestellt werden sollte. Auch diese Zahl wurde bestätigt; nun kam das vorbereitende „Achtung" (— · — · —), und sobald die andere Seite mit ihrer Einstellung des Apparates auf den angemeldeten Stern fertig war, und dies nach dem „Achtung" durch „ve" mitgeteilt hatte, kam das erste Top. Das zweite Top erfolgte grundsätzlich erst, wenn Veränderung eintrat. Der leitende Beobachter mußte also die ganze Zeit hindurch auf das Sternbild und das Polarlicht starren, um sogleich bei einer Änderung das zweite Top geben zu können. Außerdem durfte er natürlich die Belichtung nicht in dem Augenblick beginnen und beenden, wenn er selbst Top rief, sondern fast eine halbe Sekunde, nachdem der Telegraphist drinnen Top (T) zu geben begonnen hatte. Denn rund 0,2 Sek. müssen vergehen, bis auf der andern Station der aufnehmende Telegraphist seinerseits das gehörte Top hinausruft, und rund 0,2 Sek., bis der Photograph draußen dies gehört und den Apparat bedient hat. Bei der Fanghütte konnte man von draußen das Summen des Gebe-Apparates beim „Top" hören. Von beiden Photographen bezw. Telegraphisten wurde über die Zeit, Plattennummer und den Verlauf des Polarlichts Journal geführt.

Das fortgesetzte Starren auf die kontrastreichen Polarlichter hatte mitunter unangenehme Nachbilder zur Schlafenzeit zur Folge.

Die photographischen Apparate.

Für die Expedition wurden zwei völlig gleiche Objektive F = 2.7, Öffnung = 55 mm, Brennweite 150 m von Meyer-Görlitz angeschafft, zu denen von der Firma Bermpohl-Berlin zwei gleiche Apparate (Holzkasten, Linse durch Deckel verschließbar, nebst 2 × 12 Kassetten für Platten von 9 × 12) gebaut wurden.

Diese Apparate hatten den Størmerschen gegenüber den Vorteil, daß ihre Bildgröße rund die doppelte war wie bei den von Størmer publizierten 9 × 12 Bildern, so daß für die gleiche Höhe im Ganzen fast eine 4 mal größere Parallaxe wie bei Størmer gefunden wird[1]) (wegen doppelter Bildgröße und fast doppelter Basis). Aber die Nachteile dieser Apparate sind so schwerwiegende, daß sie späteren Expeditionen dennoch nicht empfohlen werden können. Denn die gleiche Plattenfläche hätte infolge der doppelten Abbildungsgröße rund die vierfache Belichtungszeit wie bei Størmer verlangt (ceteris paribus)! Späteren Expeditionen muß vielmehr unbedingt geraten werden, eine besser ausmeßbare Parallaxe nicht durch größere Bilder, sondern durch eine größere Basis von möglichst 20 km zu schaffen. Denn je kleiner das Bild auf der photographischen Platte wird, um so kleinere Expositionszeiten wird man auch wählen können. Mit unsern Apparaten haben wir brauchbare Parallaxenbilder erst bei 30 Sekunden Belichtung erhalten, und die schönsten erst bei 1 — 1½ Minuten; gute Einzelbilder gelegentlich bei etwa 15 Sekunden. Da wir uns indessen keine größere Basis schaffen konnten, bedeuteten die Apparate die beste Lösung für uns.

Nach F. Schmidt, Kompendium der Photographie, S. 45, verhält sich die Lichtstärke zweier Apparate zu einander wie die Quadrate der relativen Öffnungen; die relative Öffnung ist definiert als das Verhältnis zwischen Öffnung und Brennweite.

Demnach verhält sich die Lichtstärke unseres Apparates zu dem Störmers nach Angaben der Firma: wie 4.0 : 6.0, nach unseren eigenen Ausmessungen wie 4.0 : 7.4.

Nachdem wir uns von der außerordentlichen Konstanz der Höhenlage der Polarlichter mit unseren Apparaten überzeugt hatten, und keine Lust mehr hatten, zwecklos immer weiteres Beweismaterial dafür aufzuhäufen, wurden mit Hülfe zweier Objektive von sehr kurzer Brennweite, die wir aus einer in der Polarnacht sonst kaum verwendbaren Mietheschen Dreifarben-Kamera leihweise entnahmen, zwei ganz einfache kleine völlig identische Apparate gebaut. Das Gesichtsfeld der Bilder umfaßte 55° gegen 36° bei den alten Apparaten; vom 1. Februar ab benutzten wir auch für Parallaxen-Photographien ausschließlich diese selbstgebauten neuen Apparate. Der Skalenwert dieser, gegen den der alten, verhält sich wie 3 : 10. Die Messungsgenauigkeit ist also eine geringere, aber die mit diesen Apparaten gewonnenen Bilder haben den Vorteil einer viel größeren Anschaulichkeit wegen ihres größeren Bildwinkels, und die kürzere Belichtungszeit (10—40 Sek.) gegen die wir einige prinzipielle Bedenken kennen gelernt haben,

[1]) 105 km Höhe im Zenith sind 10 mm Parallaxe auf der Platte.

schien unbedenklich, nachdem beide Parteien sich auf den Telegraphenverkehr gründlich eingearbeitet, und nachdem die vorhandenen sehr genauen Höhenmessungen eine Kritik ermöglicht hatten.

Die photographischen Platten.

Die vorhandenen Erfahrungen benutzend, hatten wir uns im wesentlichen darauf beschränkt, Lumière-Platten, étiquette violette, mitzunehmen. Bis Mitte Dezember wurden bei den Versuchsaufnahmen von Polarlichtern überhaupt keine Ergebnisse erhalten. Wir fanden bereits damals, daß mit 1 ½ Jahre alten deutschen billigen Platten die Polarlichter schon mitunter nach 15 Sekunden Expositionszeit brauchbare Bilder gaben, wenn Lumière-Platten bei 60 Sekunden noch keinen Stern zeigten! Die ersten Parallaxen-Messungen klärten dann alles auf. Wir haben es bei den uns übergebenen Platten mit einem ganz ungleichen Material zu tun, das den Gebrauch für wissenschaftliche Messungszwecke nicht ratsam erscheinen läßt. Wir haben Fälle gehabt, wo die eine Station bei 1 Minute Belichtung ein schönes Polarlicht und viele Sterne erhielt, während die Platte der andern Station bei gleicher Belichtungsdauer auf das gleiche Objekt nichts zeigte. In einem Falle erhielten wir auf beiden Stationen bei 120 Sekunden Belichtung auf beiden Platten keinen Lichteindruck (kein Stern!), und völlig übereinstimmend waren die Platten auf beiden Stationen niemals. Wiederholt hatten wir den Eindruck, als ob überhaupt keine lichtempfindliche Schicht auf den Platten vorhanden sei, so daß wir an die jüngste Errungenschaft Frankreichs, die Sabotage, dachten.

Bei den später verwendeten, selbstgebauten, kleinen Apparaten traten die Mängel der Lumière-Platten mehr zurück, weil es hier nicht so sehr auf hohe Empfindlichkeit der Platten ankam.

Sämtliche Platten wurden, paarweise, wie sie zusammengehörten, mit Hydrochinon entwickelt, und unverstärkt dann vom Verfasser ausgemessen. Da diese Ausmessung niemals frei von Subjektivität sein kann, wurde in zweifelhaften Fällen noch eine unabhängige Ausmessung durch Herrn Dr. Robitzsch vorgenommen. Der Hydrochinon-Entwickler hat den Nachteil, daß er eine Temperatur von 19—23° verlangt, und obendrein erforderte jedes Plattenpaar bei dem großen Apparat rund 15 Minuten Entwicklungszeit. Die Fertigstellung der mit den großen Objektiven belichteten Platten war daher eine recht mühsame Arbeit.

Die Auswertung der Platten.

Bereits aus den ersten Messungen zeigt sich, daß bei den Polarlichtern Räume von der Größenordnung 20 • 100 • 1000 km von der Leuchterscheinung erfüllt sind. In der von außen nach innen immer stärker leuchtenden Gasmasse bemerken wir einen ziemlich gleichmäßig leuchtenden innern Kern; seine Höhenbestimmung ist es, die zunächst allein zuverlässig und exakt erfolgen kann. Diese Beschränkung mag bei den räumlichen Bildern des Polarlichtes bedauerlich scheinen, aber es ist soviel unzuverlässiges und inexaktes Material an Polarlichthöhenmessungen jetzt vorhanden, daß die größte Kritik und Beschränkung in der Benutzung und Anerkennung der Messungen notwendig ist. Die Auswertung erstreckt sich also in erster Reihe auf die Parallaxenbestimmung der hellsten Stelle des Polarlichts, denn wie ungleich auch die beiden simultanen Platten sein mögen, jedenfalls wird die hellste Stelle der Lichter sich auch als die hellste auf beiden Platten abbilden.

Die Leuchterscheinung bildet meistens ein Band, an dem wir bei völlig gleichen Platten Linien gleicher Helligkeit ausmessen könnten, an dem wir also infolge der stets vorhandenen Ungleichheit der Platten nur eine Linie, die Linie der größten Helligkeit, exakt konstatieren können.

Der häufigste Fall, bei den Banden, ist der, daß die Linie sich fast als Grade über die Platte zieht. Je nach ihrer Richtung zur Verbindungslinie der beiden Basisstationen wird auch die Parallaxe schwanken: Liegt die Lichtlinie gerade in der Richtung der beiden Basisstationen, so erhält man gar keine Parallaxe; eine Höhenmessung ist in diesem Fall ausgeschlossen. Liegt das leuchtende Band senkrecht zur Verbindungslinie der beiden Basissationen, und dies ist der andere extreme Fall, so erhält man die maximale Parallaxe. Bei unseren Apparaten z. B. findet man dann im Zenith bei 105 km Höhe eine Parallaxe von 10 mm; bei einem Winkel von 30° zwischen Polarlichtband und Richtung der Stationen dagegen nur 5 mm; es ist also nötig, so genau als möglich den Winkel zwischen der auszumessenden Linie und der Verbindungslinie der beiden Basisstationen mittels der mitphotographierten Sterne oder durch unmittelbare Beobachtung zu bestimmen, da dieser Faktor für die Höhenberechnung von allergrößter Wichtigkeit ist. Im Journal wurde daher die Richtung des Polarlichtes so weit als möglich immer vermerkt, außerdem war die Bestimmung getroffen, daß die Längskante der Platte bei der Exposition möglichst auf der Verbindungslinie der beiden Stationen liegen sollte; nur selten konnte aus mehreren, ihrem Azimut nach bekannten Sternen die Richtung des Polarlichtes bequem auf der Platte selbst bestimmt werden. Alle Fälle, in denen der Winkel zwischen Richtung des Polarlichtes und Richtung der Stationen nur klein war (unter ca. 40°), wurden als unsicher betrachtet und gekennzeichnet, weil hier ein Fehler des Winkels von beträchtlichem Einfluß auf das Resultat wird. Manchmal nun zeigt das Polarlicht Krümmungen auf der Platte; ferner wechselt die Lichtstärke und Breite des Bandes, und oft sieht man zufällig auch gerade das Ende eines Bandes abgebildet. Alle diese Fälle sind bei kritischer Betrachtung zwar noch nicht geeignet, um eine zuverlässige Ausmessung einzelner Punkte zu ermöglichen, aber sie können gelegentlich die Methode der Linienausmessung ergänzen und verfeinern.

Die Ausmessung selbst vollzog sich in folgender Weise. Zunächst wurden die Negative mit der Schichtseite nach unten auf weißes Papier gelegt, und hierdurch ein kontrastreicher Eindruck geschaffen. Nun maß man mit Zirkel und Maßstab den Abstand einiger identischer Sterne von dem Polarlicht. Die mittleren Differenzen dieser Zahlen kamen für die Berechnung als unkorrigierte Parallaxe in Betracht. Dann wurden die beiden Negative so übereinander gelegt, daß sich die Sternbilder deckten, und diese Doppelplatte nun von unten durch das Licht einer matten Lampenglocke beleuchtet. Dabei lagen die beiden Polarlichtbilder, wenn die Sterne sich deckten, schlecht sichtbar nebeneinander, und nunmehr wurden die Negative so lange übereinander verschoben, bis die größte Verdunkelung der auszumessenden Stelle des Polarlichts eintrat. Offenbar war dies in dem Augenblick der Fall, wenn die Stellen sich deckten, und man erhielt dann aus dem Abstand der zusammengehörigen Sterne unmittelbar die Parallaxe. Indem man die Platten hin und herschob und feststellte, bei welchen extremen Parallaxen man noch das Maximum der Verdunkelung hatte, bekam man auch einen guten Begriff von der tatsächlich erreichten Genauigkeit; als wahrscheinlichen Fehler wird man (im Zenith) $\pm$ 5 km Höhe annehmen können, als extremen ca. $\pm$ 20 km.

Die Berechnung der Höhe wurde nach der von Størmer entwickelten Formel mit einigen graphischen Vereinfachungen vorgenommen, und indem bei Polarlichtbanden die wahre zur Verwendung kommende Basis gemäß den weiter oben angestellten Überlegungen eingeführt wurde.

Für die Zeitangabe der Aufnahme schien die Minute ($\pm$ 30 Sek.) ausreichend, da ja stets nur ein kleiner Teil der sichtbaren Erscheinung photographiert wird, und ein Schluß von diesem auf einen allgemeineren „Polarlichtzustand“ in weiterer Umgebung mit seinen erdmagnetischen Konsequenzen nicht statthaft schien. Die Zeit ist mitteleuropäische Zeit und definiert durch die Beziehung: Mitteleuropäische Zeit — 1^h = mittl. bürg. Greenw. Zeit.

IV. Tagebuch der gemessenen Polarlichter.

20. Dezember 1912. Um 12 mittags beginnen von Westen lange Strahlen aufzuschießen, die bestimmte Bahnen bevorzugen. E-Ende im Zenith. West-Ende nicht abzusehen. Meist sieht man mehrere, nahezu oder ganz parallele Bänder, die sich infolge Perspektive scheinbar im Westen

vereinigen. Die Richtung der Streifen ist WSW—ENE, also senkrecht zum magnetischen Meridian. Von den 4 paar erhaltenen Parallaxenbildern sind 2 zur Höhenmessung brauchbar, es ergibt sich für die Höhe der größten Erhellung 12^{47} Mittags 130 km; $2^{1}/_{2}$ p 110 km. Die tiefste Stelle, auf der noch für das Auge Licht bemerkbar ist, hat bei ca. 100 km gelegen; die Breite der Bänder betrug 5—10 km, sie lagen 10—30 km von einander entfernt, und hatten eine Länge von > 500 km.

Die Bänder beschrieben, wie stets, schwache Kurven, und schwankten um ihre Mittellage, wenn von W her, mit einer Geschwindigkeit von ca. 10—20 km/sek, neue Lichtzufuhr erfolgte.

30. Dezember 1912. Um 11 a beginnt starkes Polarlicht im WSW, wohin auch um 7 p sich das Licht wieder zurückzieht. Die Strahlen, meist mehrere parallele Streifen, zeitweise von großer Leuchtkraft, gehen über den Zenith. Die Hauptzufuhr erfolgt von Westen, zeitweise wandern aber die dann stets unscharfen Lichtballen deutlich von E her. Zeitweise fallen steile Strahlen ein, so daß Draperie-Entwicklung zustande kommt. In diesen Fällen wird das Bild in Einzelheiten veränderlicher, sonst ist es sehr konstant in seinen allgemeinen Zügen. Von den 33 belichteten Platten geben 9 Paare zuverlässige Parallaxenmessungen.

Zeit, M. E. Z.	Höhe des stärksten Leuchtens	
0 p 44	100	Draperie-Entwicklung.
1 6	100	Bande, mit scharfen, aus W einschießenden Strahlen, 10 km breit.
1 p 10	95	Draperie-Entwicklung.
1 p 13	110	Banden, 10 km breit.
1 p 17	130	Banden, SW—NE laufend, geringere Genauigkeit.
1 p 20	110	Banden, SW—NE laufend.
2 p 16	130	Banden, SW—NE laufend.
1 p 37	130	Zwei Banden, eine schwache nur 4 km breit, die zweite zeitweise mit Draperie-Entwicklung, 30 km breit, Genauigkeit nur mäßig.
1 p 41	100	Lücke zwischen Lichtballen von ca. 40 km Durchmesser.

Als Höhe der hellsten Stelle der Banden ergibt sich hiernach übereinstimmend rund 110—120 km; die Basis dürfte bei 100 km liegen, die Breite beträgt 10 km, bei einer Länge von ca. 1000 km. Die steil einfallenden Strahlen der Draperie-Entwicklung scheinen bis 80 km mit maximaler Leuchtkraft in die Atmosphäre hinabzutauchen. Mehr wie 3—4 parallele Banden, von 5—10 km Breite, und mit 10—20 km Abstand, scheinen sich niemals zu bilden. Die gesamte NS-Erstreckung der Polarlichter im Vergleich zur EW-Erstreckung ist bemerkenswert klein.

2. Januar 1913. Polarlicht vormittags um 11 im N, ca. 20° Winkelhöhe (300 km Entfernung bei 100 km Höhe), nach Süden ziehend, um 12 mittags im Zenith, zieht sich um $5^1/_2$ p langsam nach E zurück. Richtung der leuchtenden Streifen W—E; Nachmittags Draperie-Entwicklung. Lichtzufuhr aus E. Mehrere Aufnahmen, die aber wegen telegraphischer Mißverständnisse nicht vergleichbar sind. Um 8 p leuchtet auf 10 Minuten eine neue Draperie im SE auf, bis 30° Winkelhöhe, E—W streichend. Auf Photographie wird verzichtet, da die Messungsgenauigkeit bei einer so geringen Winkelhöhe unzureichend ist.

4. Januar 1913. Seit 9 a steht ein Polarlicht, WSW—ENE streichend, im Norden; es zieht nach Süden. Wegen wechselnder Bewölkung kann das sehr starke Licht nicht voll ausgenutzt werden. Die Lichtzufuhr erfolgt erst aus E; die Umrisse des Lichtes sind zunächst unscharf, wie immer in diesem Fall. Zeitweise wandern dicke Lichtballen, sich verdickend (bis 50 km Durchmesser) und wieder schwindend, über den Zenith. Um etwa $5^1/_2$ hat es auf einige Minuten aufgeklart, aber die Bewölkung wird sogleich wieder dicht. Erst um 8 p klart es von neuem auf. Das Polarlicht ist jetzt sehr lichtstark, es erhält seine Lichtzufuhr jetzt von W her. Von $8^1/_2$—9 entsteht eine Pause im Photographieren, weil die Kassetten entleert und neu gefüllt werden müssen. Die Banden haben sich inzwischen in Draperien verwandelt, stehen im Zenith, sind aber nun sehr veränderlich und selten scharf; sie werden jetzt meist aus E gespeist. Zeitweise bilden sie große Spiralen aus von 5 km Breite und 30 km kleinsten Krümmungsradien, zerfallen aber rasch. 9^{20} sind die Bänder wieder scharf und gestreckt, stehen aber bald im Zenith SSW—NNE und sind zur Parallaxenmessung unbrauchbar. Um 9^{23} p hat sich die Richtung nach WSW—ENE geändert, so daß wieder Messungen möglich sind. 10^{04}—10^{20} entsteht eine neue Pause durch Plattenwechsel, während dessen das Polarlicht südwärts abzieht. Um 10^{20} zieht es aber von neuem von Süden herauf, von W gespeist, starke, veränderliche Draperien entwickelnd. Um $11^1/_4$ zieht es seine langen Strahlen nach SE zurück.

Stern	Zeit	Höhe	
1	5 p 23	130	Bande 15 km breit, Höhe des stärksten Aufleuchtens 150 km.
39	38	—	Südplatte unbrauchbar. Strahlen, die über Capella vom E-Horizont aufschießen, 5 km breit.
1	8 p 15	140	Stelle des hellsten Aufleuchtens. Bande von 10 bis 15 km Breite.

Stern	Zeit	Höhe	
1	17	120	Stelle des hellsten Aufleuchtens. Bande, 15 km breit, 100 hoch.
1	19	110	Draperie-Bänder, Mitte 30 km voneinander entfernt, 110—115 km Höhe, Draperie-Strahlen 3 km Durchmesser.
1	24	150	Breiter Lichtballen von 35 km Radius, am Rande derselben Bande. Hellste Stelle.
1	25	100	Band von 5 km Breite (daneben Lichtballen).
1	28	100—200	Draperie.
2	36	85—150	(90 Sek.) Einzelner scharfer Strahl bis 85 km.
1	39	—	(60 Sek.) Banden, schwach bei N, gar nicht bei S. 5 km breit.
1	42	—	(30 Sek.) Bande von 15 km Breite auf der Nordplatte.
1	44	(140)	(90 Sek.) Bei S Wolken, daher Identifizierung der Sterne schwierig, starke Leuchtkraft.
I3	59	—	(40 Sek.) Die Platten werden ganz überdeckt durch einen überraschend sich ausbreitenden Lichtballen.
13	10 02	110	(35 Sek.) Band an einer breiten Stelle, Zufuhr von E her, Breite 30 km.
1	10 p 30.0	—	(30 Sek.) Scharfe Strahlen, ca. 1—2 km Breite, häufig wechselnd. Wegen Sternenmangel (Wolken) und zu großer Zahl der Strahlen Ausmessung unmöglich.
39	38.0	115	(50 Sek.) Bande von 5 km Breite. Stelle des hellsten Leuchtens.
39	41.0	80—150	(30 Sek.) Draperie über Capella.
39	44.0	120—160	(120 Sek.) Bande 10 km breit.
39	51.5	ca. 120	(60 Sek.) Bei N in der Ecke, schwach; Draperie.

Die zur Reproduktion geeignetsten unter den bisher erhaltenen Bildern sind auf der umstehenden Tafel wiedergegeben, Aufnahmen in Originalgröße. Sie zeigen auf den zusammengehörigen Bildern viele identische Sternbilder, und geben einen Begriff von der Größe der auszumessenden Parallaxe. Durch Betrachtung mittels einer stereoskopischen Brille oder eines stereoskopischen Apparates sieht man unmittelbar das Polarlicht räumlich vor den Sternen erscheinen. Die Parallaxe ist für einen guten stereoskopischen Effekt bereits etwas zu groß. 1 cm ist auf den Bildern = 4°.

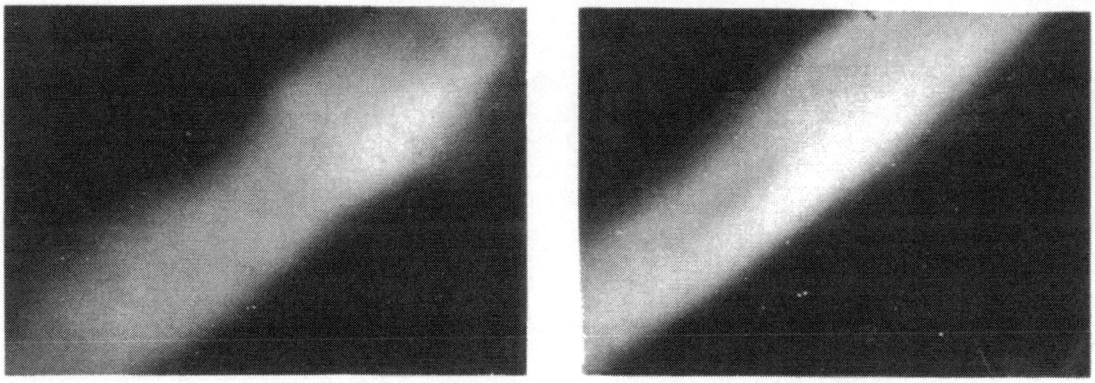

4. I. 1913 8 p 17 m.

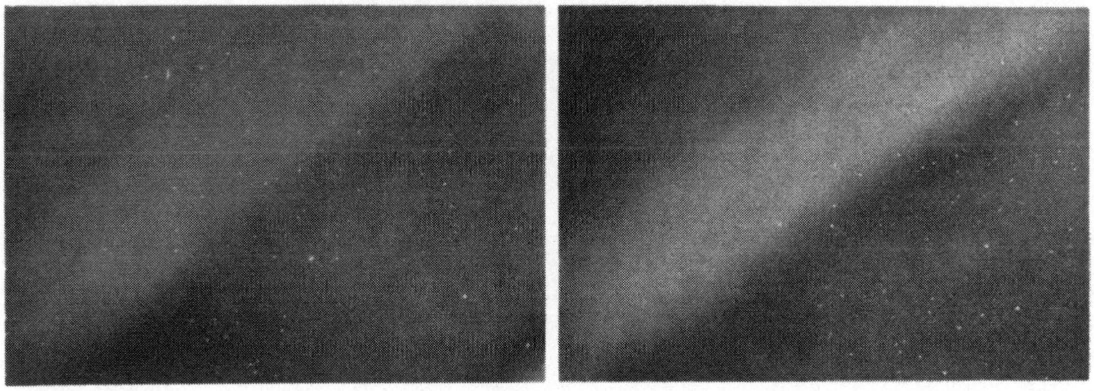

30. XII. 1912 1 p 17 m.

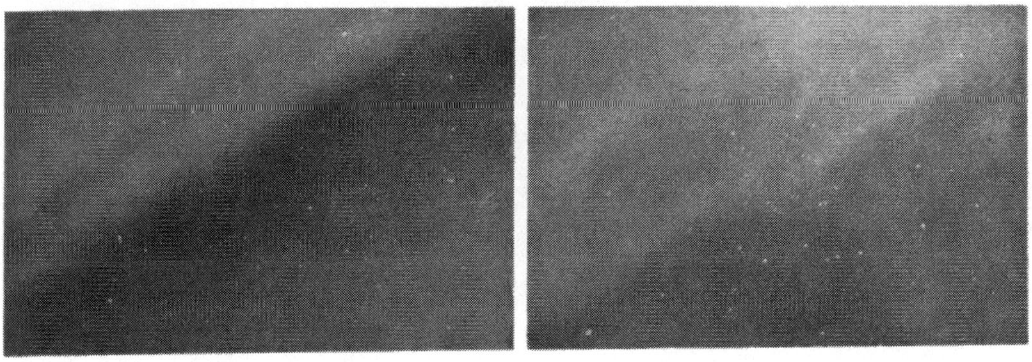

30. XII. 1912 1 p 20 m.

Nach den jetzt vorliegenden Messungen könnte eine Ansammlung weiteren Materials eigentlich nutzlos erscheinen. Denn unter Berücksichtigung des wahrscheinlichen Fehlers bei der an sich so wenig scharf definierten Erscheinung läßt sich jetzt bereits sagen, daß die Höhe des stärksten Leuchtens bei den Banden sehr konstant bei 110—130 km Höhe liegt, und daß einzelne, steil einfallende Strahlen, sowie die steilen Draperie-Strahlen bis 80 km Höhe mit ihrer maximalen Leuchtkraft in die Atmosphäre hineindringen: Eine Höhe unterhalb 80 km kann aus keinem der Parallaxenbilder mit Sicherheit festgestellt werden. Die niedrigste Höhe, bis zu der die Leuchterscheinung überhaupt hinabdringt, wird man noch etwa 10 km tiefer als für die hellste Stelle annehmen können; bei letzteren also wird man bei rund 70, bei ersteren in der Höhe von 100 km das tiefste eben bemerkbare Leuchten mit einiger Sicherheit behaupten dürfen. Schwieriger ist die Frage der Maximalhöhe, in der sich noch genügend Materie befindet, um beim Zusammenprall mit den Kathodenstrahlen ein für das Auge merkliches Aufleuchten hervorzurufen.

Zenith-Parallaxenbilder würden einer Basis von 15—25 km bedürfen, um diese Höhe stereoskopisch zum Ausdruck zu bringen; mit unserer kleinen Basis von 7, bezw. 4 km kann dies nur in dem singulären Fall möglich sein, wenn die eine Station das leuchtende Band bereits in der Aufsicht sieht, während die andere gerade unter demselben steht. In der Regel wird beiden Stationen der obere Teil der leuchtenden Mauer oder Wand durch die 10—15 km breite, hell leuchtende Basis verdeckt werden, gerade wenn die Erscheinung im Zenith steht, und zur Messung geeignet ist. Und wenn sie nicht verdeckt ist, so ist die Gefahr sehr groß, daß durch ungleiche Empfindlichkeit der Platten die in diesen Höhen nur noch kleine, und bei der Lichtschwäche und Unschärfe des Leuchtens recht wenig prägnante tatsächliche Parallaxe auf den Platten verkleinert oder vergrößert wird. Die Maximalhöhen von rund 200 km, die sich aus den bisher gewonnenen Bildern ergeben, sind also nur Schätzungen ohne Beweiskraft. Nachdem wir aber die große Konstanz der Höhenlage des stärksten Aufleuchtens zu so völlig verschiedenen Zeiten festgestellt haben, ist es offenbar möglich, aus der einfachen Aufsicht auf die Erscheinung, sobald sie sich in der Nähe des Horizontes befindet, ein Urteil über ihre obere Begrenzung zu gewinnen. Die nach diesem Gesichtspunkt gewonnenen Einzelaufnahmen der Polarlichter zeigen, daß unter der Annahme einer Höhe der Basis zwischen 70 und 120 km, erstere bei Draperiestrahlen, letztere bei Banden, das höchste Aufleuchten in 200 resp. 160 km Höhe stattfindet.

Mit den genannten Einzelaufnahmen wurden nun Parallaxenaufnahmen mittels der selbstverfertigten kleinen Apparate verbunden, und das Ergebnis dieser Aufnahmen, die eine größere Winkelfläche umfassen, und kürzere Expositionszeiten (bis zu 5 Sekunden Dauer im Minimum) aufweisen, und daher bei geringerer Genauigkeit doch anschaulicher als die sehr genauen Parallaxenbilder mit unseren alten, großen Apparaten sind, soll nun im Folgenden besprochen werden.

3. Februar 1913. 10^{0}p—10^{20} Polarlicht, 500 km lang, kommt aus SE heraufgezogen, aber nur bis ca. 20° Höhe, wo es erlischt. Speisung anscheinend aus W. Am Schluß schwache Bande (2 Aufnahmen), N—S streichend, sehr lichtschwach, von N gespeist, ca. 300 km lang, nur ca. 2 Minuten lang beim großen Bären sichtbar. 2 Aufnahmen geben keine Parallaxe, weil Bande in Richtung der Stationen.

Um 6¾ p sehr lichtschwaches verwaschenes Licht aus SSE heraufziehend, von W gespeist bis 50° Winkelhöhe. 2 Aufnahmen, darunter eine parallaktisch. Höhe 120—150 km, stärkstes Leuchten 130 km.

Um 9^{h} p zieht ein neues Licht von SSE, sich nach W ausbreitend, herauf. Hauptlichtzufuhr von W—NW; seltener, und dann stets verwaschene Ränder gebend, von E; aber unter sehr wechselndem Einfallswinkel. Zeitweise bildet sich eine Bande, mit „flatternden“ Draperie-Strahlen; die Strahlen scheinen aus W einzufallen. Gelegentlich schießen Strahlen nach allen möglichen Richtungen durcheinander.

Diejenigen Aufnahmen, die parallaktisch erfolgt sind, und Messungen der Höhe gestatten, sind mit * bezeichnet.

9^{17}p * Draperie, 2 Bänder. Höhe der Basis 90 km. Steil einfallende Strahlen ohne Struktur, die unten dicke Banden ausbilden.

9^{18} * Der Draperiestreifen verbreitert sich zu einem Lichtballen (120 km Höhe), das vorher bereits sichtbare Band erhält Lichtzufuhr von W und verstärkt sich unter starker nach S konvexer Krümmung (Höhe des stärksten Leuchtens 120 km).

9^{20} Hinterer südlicher Bandenstreifen wird schwächer, Draperie verstärkt sich.

9^{22}p Beide Streifen nehmen ab. — Sobald die Lichtzufuhr von W erfolgt, haben die Bänder und Draperien die Neigung, sich nordwärts zu verlagern. Bei Lichtzufuhr von E verlagern sie sich nach S.

9^{25}p * Vereinzelte Draperie-Strahlen beim großen Bären, bis 80 km Höhe hinabtauchend.

9^{26}p Anfang einer Spiralbildung. Der merklich horizontal wandernde Lichthaufen wird gebremst, wodurch seine magnetische Ablenkbarkeit wächst. Er versucht daher, eine Spirale auszubilden. Dazwischen Draperiestrahlen und ein Lichtballen, in welchem mit dem Auge turbulente Bewegung wahrzunehmen ist.

9^{28} Parallaxenaufnahme nach dem großen Bären; infolge telegraphischen

Mißverständnisses erfolgt auf der Nordstation die Aufnahme erst beim zweiten Top; kleine Banden, sehr lichtschwach.

9^{31} Parallaxenaufnahme in 30° Winkelhöhe, auf außergewöhnlich dicken Lichtballen mit Turbulenz. Wegen Sternmangel Ausmessung unsicher. Vom Zenith an ist nunmehr die ganze Südhälfte des Himmels allenthalben von chaotischem, wenig gut definiertem Polarlicht erfüllt. Die Eindrücke erinnern in dieser Jahreszeit mehr und mehr an die Bilder Størmers. Der Lichtballen bedeckt nach dem Bilde eine horizontale Fläche von ca. 200 × 400 km.

9^{34}* Durcheinander von Draperiestrahlen, kurzen Banden und Lichtballen. Höhe des stärksten Aufleuchtens 80—120 km. Nur 1 Stern verwendbar (Capella).

9^{39}* Ecke einer Draperiefalte, Höhe des stärksten Aufleuchtens 80 km (mehrere Sterne, großer Bär).

9^{40} Lichtballen, 200 × 200 km horizontal, Draperiestrahlen und Banden.

9^{41} Beginn einer Spiralbildung.

8^{45} Draperiestrahlen, Parallaxenaufnahme, aber wegen Unsicherheit der Sterne ohne Beweiskraft.

9^{48}* Chaos 80—130 km Höhe.

9^{53}* Draperiestrahlen, strahlige Struktur, schwache Banden, 80—130 km.

9^{54}* Ausgebildete Spirale, daneben Banden, 50° Winkelhöhe, 100 km Höhe.

9^{55}* Nordstation beginnt mit der Belichtung erst beim zweiten Top; infolgedessen sehr große Parallaxe, zur Ausmessung natürlich unbrauchbar. Draperie, daneben Lichtballen.

9^{57}* Chaos, Wirbelansätze (mehrere Sterne), 120 km Höhe. Bandenform.

9^{59}* Desgl. 100 km Höhe.

10^{02}* Wirbel, Banden, 120 km Höhe.

5. Februar. Von 5 p an erscheint eine Bande, 300 km lang, sehr lichtschwach, im SSE, von E her emporwachsend, und von dort auch gespeist. Um 8 ist die Helligkeit ziemlich groß, aber das Licht steht immer noch in 10—20° Winkelhöhe, ist also zur Parallaxenmessung unbrauchbar. Es ist jetzt 400—500 km lang. Das Polarlicht spielt sich in derselben Weise wie das vom vorhergehenden Tage ab, nur ca. 500—1000 km südsüdöstlich. Um 10½ p wird es wieder ganz dunkel.

6. Februar. Das Polarlicht vom 5. Februar wiederholt sich.

7. Februar. Um 4½ p aus E aufschießendes lichtschwaches Leuchten, das bis 20° Höhe gelangt. Später Banden ENE—WSW streichend im S, meist von E gespeist; zeitweise erfolgt die Lichtzufuhr von W, wobei das Polarlicht höher heraufkommt. Sichtbare Längserstreckung 1000—1500 km.

Vor der dauernd vorhandenen Bande bildet sich eine Draperie, in 30° Winkelhöhe, in Einzelheiten veränderlich. Exposition meist auf Castor und Pollux.

5^{58}p * Bande (in 25° Winkelhöhe) 130 km hoch. Höhe ungenau, weil Parallaxe zu gering.

6^{08}* Bandstück mit Draperiestrahlen (schwach) 120 km Höhe; ungenau, weil Parallaxe sehr klein.

Bande verlagert sich nach Süden, vor der Bande entwickelt sich von E her eine Draperie. Aus den Bildern ergibt sich, daß die Strahlen unter ca. 70° Höhe von SW her einfallen.

6^{42} p * Draperie, hellstes Leuchten 110 km hoch, Parallaxe nur rund 1 mm.

6^{43}p * Draperie, hellstes Leuchten 110 km hoch.

6^{45}* Draperie, hellstes Leuchten bei 90—100 km.

6^{47}* Draperie, hellstes Leuchten bei 100 km.

6^{55}* Draperie, Basis 80 km, gut ausmeßbar, oberstes Aufleuchten bei 200 km.

6^{58}* Draperie, Basis 90 km, gut ausmeßbar, oberstes Aufleuchten bei 180 km.

7^{01} (*) Exposition auf Capella: Spirale, aus Draperiestrahlen entstanden; hellstes Leuchten 130 km hoch.

7^{07} (*) Exposition auf Capella: Banden, aus Draperiestrahlen gebildet; ca. 130 km hoch. Bei beiden Bildern ist wegen des unscharfen Randes der Lichtstellen die Parallaxenmessung ungenau.

Nun zieht sich das Licht etwas nach Süden zurück. Um 8^{02} steht das Band 10—20° hoch im SSE, weit am Horizont im E steht eine Draperie. Die Draperie zieht sich westwärts, nähert sich also und „rollt sich ab“, teils nach W, teils nach E. Sie kommt vor (vom Beschauer im N gedacht) dem Band zu liegen, geht zeitweise selbst in Bandenform über, hat aber im allgemeinen strahlige Struktur. Sie bleibt sehr beharrlich auf ihrem Platz, und rollt ihre Falten bald nach E, bald nach W. Um $9^{1}/_{2}$ erlischt die Draperie; die aus E gespeiste, südlicher liegende Bande zieht sich nach S.

8^{47}p * Draperierolle ziemlich lichtstark, konkav zum Beschauer, Strahlen zwischen 90 und 180 km unter 80° aus SW einfallend, Parallaxe gut ausmeßbar.

8^{48}* Lichtzufuhr läßt nach! Einzelne Draperiestrahlen, steil einfallend, zwischen 100 und 170 km. Strahlen nicht sehr scharf; das Bild macht indessen, trotz der nur schlecht ausmeßbaren Parallaxe, einen räumlichen Eindruck.

8^{50}* Nur ein Bandstück mit schwachen Draperiestrahlen ist jetzt übrig (stärkstes Leuchten bei 130 km Höhe).

8^{52}* Die Draperie hat sich nun ganz in eine Bande umgeformt; die strahlige Struktur ist fort. Speisung aus E. Die Stelle des stärksten Aufleuchtens liegt bei 120 km Höhe. Die Krümmung ist konvex zum Beschauer.

8^{54} * Die Draperiestrahlen werden heller, sie schießen (gut ausmeßbar) von 200—80 km Höhe herab, und fallen unter 80° Neigung aus S ein. Das Gebilde macht jetzt einen stark räumlichen Eindruck. Ein Zuschauer, der gerade unter dem abgebildeten Bogen stünde, würde das Bild einer Krone sehen.

8^{56} * Nun treten unscharfe Draperiestrahlen auf. Wegen der Unschärfe ist auch die Parallaxe ungenau, sodaß die Höhe des hellsten Aufleuchtens nur roh zu 100 km angegeben werden kann. Wieder stehen die Strahlen in der Fläche eines Zylinders.

8^{59} p * Die Strahlen sind unscharf, Basis ca. 100 km. Am rechten Ende bildet sich auf den Beschauer zu eine Spirale aus.

9^{00} * Das rechte Ende derselben rollt sich nach links weiter; obgleich jetzt die Strahlen stark getrennt und steil einfallen, ist die genaue Höhe schwer bestimmbar wegen der Lichtschwäche der sonst schönen Draperiestrahlen. Die Basis liegt bei 100, der Beginn des Aufleuchtens bei ca. 180 km.

9^{03} * Nun verlöschen die Draperiestrahlen ganz, es bleibt nur eine lichtschwache Bande bei ca. 120—130 km übrig, die auch bald erlischt.

9^{09} * Die Bande verstärkt sich wieder, einzelne scharfe Draperiestrahlen fallen unter ca. 80° Neigung aus W ein. Höhe der Basis ca. 120 km.

9^{16} * Scharfe Strahlen fallen nun in lebhafter Bewegung steil ein von 200 bis 70 km (!) Höhe.

9^{18} * Die Strahlen sind fast zusammenhangslos und bilden die „Krone". Die Strahlen schießen von 200—70 km Höhe herab.

9^{20} * Die scharfen Strahlen der Draperie bilden eine ebene Fläche. Das stärkste Leuchten liegt jetzt in 90 km Höhe. Die Strahlen fallen wieder unter 80° Neigung aus W ein.

9^{22} * Die jetzt sehr veränderliche, und unregelmäßig gespeiste Draperie erlischt teilweise. Die Parallaxe und Höhe ist kaum ausmeßbar, wegen mangelnder Details. Bei ca. 100 km Höhe liegt das stärkste Leuchten.

9^{25} * Neue Draperiestrahlen tauchen von 160 bis 90 km herab, sie bilden eine fast ebene Fläche.

9^{26} * Die Draperie verstärkt sich und wird etwas mehr räumlich, die Strahlen reichen von 180 bis 80 km hinab.

9^{31} * Getrennte, ziemlich scharfe Draperiestrahlen schießen von 180 bis rund 90 km herab; zur ebenen Fläche geordnet.

9^{33} * Die Fläche schließt sich stärker; wird aber mehr verwaschen. Höhe ca. 100—220 km.

9^{36} * Die Draperie verlischt, sie bildet eine ebene Fläche und entfernt sich nach S. Die Winkelhöhe ihrer Basis beträgt nur noch 15—20°, so daß keine Parallaxe mehr ausmeßbar ist. Unter der Annahme, daß ihre Basis bei 80 km liegt, ergibt sich für die Höhe des ersten Aufleuchtens der Strahlen 220 km; die Strahlen sind also bemerkenswert lang.

9^{38}* Die Draperie hat sich nun in eine Bande mit verwaschenen Rändern umgeformt; zur Ausmessung steht sie etwas tief.

9^{42}* Vor der Bande rollt sich eine neue Draperie ab, zwischen rund 100 und 180 km Höhe.

9^{44}* Einzelne Draperiestrahlen, von 200—70 km herabschießend, nicht flächenhaft geordnet, sondern stark räumlich zur Krone verteilt.

V. Zusammenfassung und Schlußbetrachtung.

Faßt man die 40 Parallaxenphotographien Störmers nach seiner graphischen Tabelle l. c. S. 105 zusammen, so ergibt sich die Zahl der von ihm gemessenen Punkte, den zugehörigen Höhen koordiniert, folgendermaßen:

Höhe (km)	< 40	40—60	60—80	80—100	100—120	120—140	140—160
Zahl der Messungen	1	9	13	13	36	20	14

Höhe (km)	160—180	180—200	200—220	220—240	240—260	260—280	280—300
Zahl der Messungen	11	5	5	1	3	1	1

Wie bereits weiter oben bemerkt, wendet Störmer gegen die niedrigen Höhen selbst triftige Gründe ein; bei höherem Druck als 0.1 mm Quecksilber ist es nicht möglich, durch Kathodenstrahlen eine Leuchterscheinung zu erzeugen, und dieser Druck findet sich erst bei 60 km Höhe. Gegen die Annahme des sehr lichtschwachen höchsten Aufleuchtens bei 2—400 km hatten wir eine Reihe photographischer Gründe kennen gelernt.

Den 40 Messungen Störmers können nun die hier vorgelegten insgesamt 69 Parallaxenmessungen angeschlossen werden. Von ihnen weisen die ersten 25 eine sehr große Genauigkeit auf; die letzten 44 hingegen geben nur rund 20 wirklich genaue Parallaxenbilder, weil die Parallaxe auf den Platten trotz der 7.0 km Basis zur Ausmessung zu ungenau wird, sobald das Polarlicht etwas verwaschene Formen zeigt.

Als niedrigste Höhe ergibt sich aus dem genannten Material 70 km, als größte Höhe 200 km. Innerhalb dieser Höhen spielt sich also das Polarlicht im Bereich Spitzbergens und innerhalb der Beobachtungszeit ab. Weder niedrigere Höhen als 70 km, noch größere Höhen als 200 km können aus den 69 Parallaxenbildern verbürgt werden.

Und zwar liegen die Banden mit ihrer Oberfläche tiefer (meist bei 160 km), ihrer Basis hingegen höher (meist 110 bis 120 km), während die

Draperiestrahlen in größerer Höhe bereits ein Aufleuchten verursachen und tiefer in die Atmosphäre hinabgelangen. Die höchsten (200 km) und niedrigsten Höhen (70 km) finden wir daher durchweg gekoppelt. Je tiefer die Basis liegt, umso höher findet auch das erste Aufleuchten statt. Die mittlere Höhe jeder Leuchterscheinung im Ganzen ist demnach relativ konstant = ca. 130 km.

Weiter unten wird sich zeigen, daß fast jeder Ort in bezug auf Polarlichter seine ihm eigentümliche Stellung hat, je nach seinen magnetischen und geographischen Koordinaten. Grundsätzliche Unterschiede der Formen und Häufigkeit des Polarlichtes an denjenigen Orten, die überhaupt im Bereich des Polarlichts liegen, resultieren hieraus mit Notwendigkeit; möglich aber scheinen auch grundsätzliche Unterschiede der Höhenlage an verschiedenen Orten.

Es scheint daher wünschenswert, daß die Photographie und die parallaktische Höhenmessung der Polarlichter sich nicht auf Nord-Norwegen und Spitzbergen beschränken, sondern daß auch andere polare Gebiete auf diese Frage hin untersucht werden.

Herr Störmer war so freundlich, mir einige neuere parallaktische Polarlichtaufnahmen aus Norwegen zuzusenden. Auf diesen Bildern haben die einzeln einfallenden Polarlichtstrahlen eine Form, wie sie in Spitzbergen kaum vorkommt: sie sind auf ihrer ganzen Erstreckung fast nadelförmig und auf beiden Enden spitz. In Spitzbergen hingegen haben die Einzelstrahlen ein tropfenförmiges Aussehen, wie dies auch die hier vorgelegten Bilder zeigen. Der oben spitze und lichtschwache Strahl wird weiter unten breiter und heller und endet mit einem verhältnismäßig dicken Kopf, der auch zugleich die hellste Stelle des Phänomens ist.

Auch wurden die niedrigsten (70 km) und größten (200 km) Höhen bei denjenigen Polarlichtern in Spitzbergen gefunden, die zwischen Norwegen und Spitzbergen standen. Aber diese Lichter wurden im Februar gemessen, und es muß dahingestellt bleiben, ob die Jahreszeit oder der Ort von Einfluß waren auf die Höhenlage, oder etwa zufällige Eigentümlichkeiten des Lichtes selber.

Die Aufklärung aller solcher merkwürdigen örtlichen nnd zeitlichen Unterschiede wird eine wichtige Aufgabe späterer Expeditionen nach anderen polaren Gebieten sein.

Die Formen des Polarlichts.

In allen Fällen, in denen einzelne Strahlen an den Polarlichtern zur Beobachtung gelangen, sehen wir diese mit geringen Abweichungen in der Richtung der magnetischen Kraftlinien einfallen. Wir sind daher zu der Annahme genötigt, daß auch bei den Banden, das heißt den bandförmigen

Polarlichtern, bei denen sich oft ein steiler Einfall von Strahlen nicht beobachten läßt, dennoch ein solcher stattfindet, aber wegen der Kürze des Strahles und der Lichtschwäche desselben nicht beobachtet wird. Diese Annahme wird dadurch gestützt, daß auch die einzelnen und scharf ausgeprägten Strahlen nach den hier vorgelegten Aufnahmen eine ganz verschiedene Länge aufweisen.

Der einzelne Strahl. Der einzelne Strahl, wie wir ihn auf Tafel III vom 7. II, 8 p [54] im Vordergrunde herabschießen sehen, beginnt spitz, und endet tropfenförmig. Je höher er aufzuleuchten beginnt, umso tiefer taucht er hinab. Liegt die Spitze bei 200 km, so findet sich die Basis bei 70; einem ersten Aufleuchten bei 160 entspricht wieder ein Erlöschen bei ca. 100 km.

Die Draperie. Meist treten die Strahlen nicht ganz vereinzelt auf, sondern zu einer Fläche zusammengeschlossen, wie dies Tafel II, 31. I. 7 p [45] und 7 p [46] zeigt. Die lose zusammenhängenden Strahlen bilden dann eine mehr oder weniger gekrümmte Fläche: die Draperie. Denken wir uns unter eine solche Draperie mit kurzen Strahlen, etwa wie in dem genannten Beispiel, versetzt, oder auf eine E—W gerichtete Draperiefläche von E oder W blickend, so sehen wir eine Bande, wie sie Tafel II, 25. I. zeigt.

Nur eine Höhenmessung, oder ein seitlicher Aufblick auf die Erscheinung durch einen anderen Beobachter würde uns beweisen können, ob dieser Band von Draperiestrahlen gebildet ist, oder ob wir es mit der dritten und wahrscheinlich häufigsten Form des Polarlichts zu tun haben, nämlich der echten Bande.

Die Bande. Tafel IV, 7. II, 6 p [45] giebt einen guten Begriff von der Entstehung einer Bande. Überall da, wo die früher einschießenden Strahlen ihre stärkste Leuchtkraft entfaltet haben, ist beim Erlöschen des Strahles ein schwaches Leuchten zurückgeblieben, das eine schwache Bande bildet und die nun einschießenden Draperiestrahlen sind zwar so lichtschwach, daß sie kaum sichtbar werden, aber die bereits „vorbelichtete" Stelle leuchtet hell auf. Wären die Draperiestrahlen noch etwas lichtschwächer und beständiger, so würden wir nur eine reguläre Bande sehen. Das Doppelbild auf Tafel IV, 7. II. 8 p [54] zeigt uns sogar hinter den einschießenden Einzelstrahlen eine Bande als ausschließlichen Rest der Draperiestrahlen, indem die schwachleuchtende obere Spitze der Strahlen rasch erloschen ist, während die Stellen der stärksten Erhellung noch eine Weile weiterleuchten.

Die Krone. Schießen ungeordnete Einzelstrahlen in der Richtung der Kraftlinien zur Erde herab, so werden sie auf einen gerade unter ihnen befindlichen, in der Richtung der Kraftlinien aufwärts blickenden Beobachter infolge Perspektive den Eindruck machen, als wenn sie nach allen Himmelsrichtungen von einem gemeinsamen Zentralpunkt aus auseinanderschießen. Dies Bild heißt die Krone.

Die Größenverhältnisse. Für die Banden ergibt sich aus den hier vorgelegten Höhenmessungen als Höhe des stärksten Leuchtens sehr konstant 110 bis 130 km, als Höhe der höchsten bemerkbaren Erhellung 160 km. Die Banden haben also eine Mächtigkeit von rund 50 km. Ihre Breite beträgt an der Stelle, wo die Bande beginnt, 3—5, in der Mitte 5—10, und an den vom Einfallspunkt entferntesten Partien 10—30 km. Aber die anfangs scharfe und spitze Bande verbreitert sich nicht bloß, sondern sie bildet auch, je weiter sie sich fortentwickelt in der Atmosphäre, immer größer werdende Bäusche und Ausbiegungen aus, um schließlich in einem unentwirrbaren Durcheinander von Lichtballen, Spiralen usw. zu enden.

Bei einer Höhe von rund 100 km ist ein Polarlicht noch in 1200 km Entfernung am Horizont sichtbar. Da die Banden sich häufig von einer Seite des Horizontes über den Zenith bis zur andern Seite erstrecken, ergibt sich hieraus bereits als Länge des sichtbaren Teiles 2500 km, und die volle Länge, bei einer Breite von nur 5—30, und einer Mächtigkeit von rund 50 km, dürfte oft 3000 km erreichen.

Vor der Wintersonnenwende waren Banden von weniger als 1000 km sichtbarer Länge selten. Es wird sich weiter unten zeigen, daß in bezug auf die Länge der Strahlen das Gebiet zwischen Franz Josephsland und Island bevorzugt ist, und daß die Wintersonnenwende auch für die Polarlichter einen Wendepunkt bedeutet.

Die Banden streichen über Spitzbergen stets zwischen W und SW, bezw. E und NE, stehen also senkrecht auf dem magnetischen Meridian, und weisen eine schwache nach Süden konvexe Krümmung auf, wenn die Lichtzufuhr von Westen (Abends, bei westlichem Azimut der Sonne) erfolgt.

Die Frage der in der älteren Literatur vorkommenden sehr hohen Banden (nach Alfred Wegener, Thermodynamik der Atmosphäre, auf Grund Paulsenscher Angaben bei 400—500 km), muß hier offen gelassen werden. Wir haben öfters wegen großer Gleichförmigkeit und geringer Leuchtkraft des Polarlichts geglaubt, besonders hohe Banden erhalten zu haben, und die Parallaxenmessung hat dann regelmäßig nachher bewiesen, daß das Band in ungefähr der gleichen Höhe lag, wie die grell leuchtenden, vermeintlich ganz nahen Lichter. Die photographische Messung zeigt überhaupt, wie schon weiter oben bemerkt, daß Kathodenstrahlen umso tiefer in die Atmosphäre hinabtauchen, je höher die Leuchterscheinung beginnt. Es ist daher nicht ausgeschlossen, daß die sehr hohen Banden gar nicht existieren, und man wird abwarten müssen, ob ihr exakter Nachweis durch Parallaxenmessung mit einer großen Basis später erbracht wird.

Die Draperien umfassen einen größeren Höhenbereich, von 70—200 km, aber ihre Basis zeigt nicht nur viel stärkere Krümmungen wie die der meist ganz gestreckten Banden, sondern auch ihre Länge von ENE bis

WSW ist erheblich kürzer, meist unter 500—1000 km. Die Breite des Draperiebandes entspricht dem der Bande.

Bei den einzelnen Strahlen sowohl wie bei den zusammenhängenden Flächen ist daran zu erinnern, daß die Kraftlinien, die für die Richtung der Flächen maßgebend sind, in Spitzbergen steiler stehen, als z. B. in Norwegen. Das erklärt vielleicht örtliche Unterschiede im Aussehen der Polarlichter. Bei einem Vergleich unserer Bilder mit denen Störmers ist ferner daran zu erinnern, daß der nach Norden schräg herabschießende Strahl von Süden (Norwegen) länger erscheint als von Norden (Spitzbergen).

Die Ursachen des Polarlichts. Nach allem, was wir über Kathodenstrahlen wissen, müssen diese, wenn sie von der Sonne ausgesandt werden, Erscheinungen analog denen des Polarlichts in der Erdatmosphäre hervorrufen. Umgekehrt bringen die bisherigen Erfahrungen, und auch unsere Beobachtungen keine Einzelheit, die nicht mit der Vorstellung harmonierte, daß das Polarlicht durch Kathodenstrahlen der Sonne hervorgerufen sei. Wir können daher diese Hypothese, die von den hervorragendsten Gelehrten, wie Paulsen, Schuster, A. Schmidt, Bauer, Lenard, Birkeland und Störmer als zulässig und hinreichend gefunden worden ist, unbedenklich den folgenden kurzen Erörterungen zugrunde legen.

1. Das magnetische Spektrum. Kommt ein Kathodenteilchen in den Bereich der magnetischen Kraftlinien der Erde, so wird es abgelenkt; der Grad der Ablenkung hängt von der Geschwindigkeit der Kathodenteilchen ab; je geringer diese ist, umso stärker ist die Ablenkung. Hierdurch wird der aus vielen Ionen von verschiedener Geschwindigkeit bestehende Strahl zunächst analog dem Spektrum des Lichtes in eine Fläche zerlegt, die dann weiter einen mehr oder weniger verwundenen Verlauf zeigt je nach der anfänglichen Lage des Strahles zum Kraftfelde der Erde.

Störmer berechnete die Bahn einzelner Kathodenteilchen. Es wäre wohl eine dankbare Aufgabe, die anschaulichen Spektral-Flächen eines ursprünglich linienhaften Strahles als Ergänzung dazu zu bestimmen.

Senkrecht zu dieser Entfaltung scheint nach Störmer eine Zusammendrängung der Kathodenteilchen stattzufinden.

Durch die spektrale Zerlegung ist zunächst erreicht, daß derjenige Teil des Spektrums, der nun an irgend einer Stelle der Erde in die Atmosphäre tritt, nur noch Ionen gleicher Geschwindigkeit enthält.

Aber auch diese Ionen werden sich sehr bald wieder räumlich entfalten, weil sie in der Atmosphäre gebremst und zu turbulenter Bewegung genötigt werden. Das erklärt die Verdickung der einzeln einfallenden Strahlen nach unten.

Die schließliche Richtung, in welche die Ionen von der ablenkenden

Kraft des Erdfeldes gedrängt werden, ist die der Kraftlinien der Erde. Auf allen Bildern, auf denen sich einzelne Strahlen überhaupt erkennen lassen, wird diese Richtung bereits sehr nahe erreicht.

Dies ist bemerkenswert, da die Ionen je nach ihrer anfänglichen Geschwindigkeit und Richtung, außerhalb der Erde sehr verschiedene Bahnen beschreiben. Daß ein Ion von geringer Geschwindigkeit aus seiner Bahn, die irgendwo weit außerhalb der Erde parallel zu deren Oberfläche gelegen haben möge, in weitem Bogen in die Richtung der Kraftlinien der Erde gelenkt wird, ist verständlich; daß aber ein Ion von höherer Geschwindigkeit, dessen Bahn in viel größerer Erdnähe parallel zu dieser verlief, trotz aller ursprünglichen Unterschiede schließlich die gleiche Richtung hat, bedarf einer Erklärung. Diese haben wir wahrscheinlich in dem Widerstande zu suchen, den die Gasatmosphäre der Erde liefert; ein Widerstand, der umso größer ist, je flacher der Kathodenstrahl einfällt. Hiernach sollte es dann scheinen, daß diejenigen Kathodenteilchen, welche die größte Durchschlagskraft besitzen, also am frühesten ein Aufleuchten verursachen, und am tiefsten in die Atmosphäre hinabdringen, ursprünglich gerade die geringste Geschwindigkeit besaßen, und bereits außerhalb der Erdatmosphäre steil auf die Erde zu abgelenkt wurden. Während gerade die schnelleren Ionen, wenn sie flach in die Atmosphäre eindringen, infolge ihrer geringen Ablenkbarkeit nur eine geringere kinetische Energie in der Richtung der Kraftlinien besitzen, und ihre horizontale Energie umso länger und stärker gebremst wird, je flacher sie in die Gassphäre einfallen.

Hiernach wäre die Bande auf flach in die Atmosphäre einfallende schnelle Ionen zurückzuführen, die Draperie, Einzelstrahlen und Krone hingegen auf langsame Ionen, welche aus größerer Entfernung auf die Erde zugelenkt werden.

Für diese Annahme spricht auch die allgemeine Form der Polarlichter. Bande und Draperie sind nur ein Ausschnitt aus der jeweiligen spektralen Fläche. Die Draperie ist stark beweglich, neigt zum „Flattern“, zerreißt leicht, und besitzt keine ausgeprägte Richtung; Eigenschaften, die alle plausibel sind bei einer starken und ungleichmäßigen ursprünglichen Ablenkbarkeit der Ionen im langsamen Teile des magnetischen Spektrums. Die Bande hingegen zeichnet sich durch ihre Beständigkeit aus; sie ist stark gerichtet, senkrecht zum magnetischen Meridian, und diese Eigenschaften sprechen für eine hohe Geschwindigkeit der Ionen beim Eintritt in die Atmosphäre, und dafür, daß die Geschwindigkeit und Richtung ursprünglich wenig variierte.

Fällt eine fächerartige Fläche von Kathodenteilchen aus dem schnellen Teile des Spektrums flach in die Atmosphäre der Erde ein, so werden die Kathodenteilchen umsomehr gebremst, und umsomehr zu turbulenter Bewegung gebracht, je flacher ihre Bahn, d. h. je größer ihre Geschwindigkeit war.

Hierauf ist es anscheinend zurückzuführen, daß die Banden an ihrem Anfangspunkt spitz und scharf sind und sich nach ihrem Ende zu immer mehr verbreitern, Bäusche und Bögen aufweisen, und verwaschen werden.

Wirbel und Spiralen. Ein Einzelfall der Störmerschen Rechnungen zeigte, daß das Kathodenteilchen nicht in die Richtung der Kraftlinien gelangte, sondern Schraubenlinien um diese beschrieb. Ein derartiges schraubendes Flattern von Einzelstrahlen war in Spitzbergen relativ häufig.

Denken wir uns nun eine spektrale Fläche diese Schraubenbewegung ausführend, so werden wir von unten her eine Spiralform des Polarlichts bemerken. Die Ansätze dazu finden sich allenthalben, so z. B. Tafel II, 31. Januar 6^{45} p, 6^{46} p.

In starker Ausbildung und räumlich zeigt uns Tafel III, 4. Februar 9^{54} p diese Erscheinung.

Die Geschwindigkeit der Ionen. Bei älteren Autoren befinden sich sehr große Unterschiede in den Angaben über die Fortpflanzungsgeschwindigkeit der Aufhellungen in den Polarlichtern, die einer Erklärung bedürfen. Vergegenwärtigen wir uns, daß eine Aufhellung bei einem fast senkrechten Einfall der Strahlen fast gleichzeitig am ganzen Polarlicht die Zone der größten Helligkeit erreichen, und deshalb wie ein blitzartiges Aufleuchten über die ganze Erscheinung laufen wird, während bei einem mehr horizontalen Einfall die Lichtballen horizontal wandern und gemächlich mit dem Auge verfolgt werden können, so wird man sich über die Unterschiede nicht wundern können. Als Fortpflanzungsgeschwindigkeit an einer gemessenen Bande, in der die Lichtzufuhr teils von W, teils von E erfolgte, und fast parallel zur Erdoberfläche, wurde 10 bis 20 km/sek gefunden.

Die mikrokosmisch oder im Laboratoriumsexperiment gemessene Geschwindigkeit der Kathodenteilchen beträgt rund 0,1 Lichtgeschwindigkeit, oder 30000 km/sek, ist also von ganz anderer Größenordnung.

Alle unsere physikalischen Messungen der Geschwindigkeit der Kathodenstrahlen[1]) gelten für sichtbar gemachte Kathodenstrahlen, und zwar wird die Fortpflanzung bezw. Ablenkung des Leuchtens gemessen. Dieses Leuchten aber rührt wahrscheinlich nicht nur von den Kathodenstrahlen selbst her, sondern auch von dem Gas, das von ihnen getroffen wird. Der Laboratoriumsversuch zeigt, daß bei einem Druck von mehr als 0,1 mm Quecksilbersäule die Kathodenteilchen nicht mehr genügende Geschwindigkeit bekommen können, um das Gas beim Aufprall zum Aufleuchten zu bringen

---

[1]) Exakte Methoden der Messung rühren von Richarz, Wiechert u. a. m. her.

Das steht in Übereinstimmung mit unsern Messungen der tiefsten Stellen der Polarlichter[1]).

Unsere Messungen zeigen ferner, daß der Druck des Gases mindestens 0.006 mm Quecksilber (dieser Druck herrscht nach Alfred Wegener, l. c., S. 46, in 200 km Höhe) betragen muß, wenn ein für das Auge noch wahrnehmbares Aufleuchten zustande kommen soll; offenbar weil bei geringerem Druck der Widerstand, den das Gas dem Kathodenstrahl entgegensetzt, zu klein wird.

Wir sind also zu der Annahme genötigt, daß die Leuchterscheinung auf Kosten der kinetischen Energie des Kathodenstrahles zustande kommt, und daß letzterer in jedem Gas, das er durcheilt, gebremst wird.

Die Lichterscheinung selbst darf ferner im Experiment wahrscheinlich nur als ein Temperaturleuchten der getroffenen Gasschichten aufgefaßt werden.

Nach diesen Überlegungen aber müssen wir annehmen, daß eine Bremsung des Kathodenstrahls bereits eintritt, sobald er in die obersten, wegen ihrer geringen Dichte nicht leuchtfähigen Schichten der Atmosphäre kommt. Die Geschwindigkeit im interplanetaren Raume muß hiernach viel größer gesetzt werden, als die unserer Messung zugängliche im leuchtfähigen Gase.

Die Richtung der Lichtzufuhr. Die langen Bänder stellen sich im Großen und Ganzen senkrecht zum magnetischen Meridian.

Auf dieser Linie wird die einfallende spektrale Fläche parallel der Erdfläche überall um das gleiche Maß, bei Einfall von W nordwärts, abgelenkt.

Das Gebiet von Kaiser-Franz-Josefs-Land bis Island ist nun noch in ganz besonderer Weise bevorzugt. Fällt nämlich ein Kathodenstrahl nachmittags in der Richtung Sonne—Erde z. B. bei Island ein, so wird er infolge der schrägen Stellung der Kraftlinien dort gerade soviel nordwärts und aufwärts abgelenkt, daß er fast parallel der Erdoberfläche bleibt. Würden die Kraftlinien schräger stehen, so könnte der nun stärker nach oben abgelenkte Strahl nur auf eine kurze Strecke die Atmosphäre streifen; diese Situation tritt südöstlich des angegebenen Bezirkes ein. Stünden sie steiler, so würde der Strahl auf die Erde zu in die Atmosphäre hineintauchen, und ebenfalls nur ein kurzes Licht erzeugen. Hieraus erklärt es sich, daß die Polarlichter in dem angegebenen Bezirk von abnormer Größe sind, sobald die Strahlen nachmittags und von W einfallen, und daß sie überwiegend Bandenform zeigen.

Das Azimut der Sonne. Das Maximum in der Häufigkeit der Polarlichter tritt in Spitzbergen um ca. 8 p ein, das Minimum morgens. Die Sonne steht also nahezu in der Richtung der Lichter.

---

[1]) 0.1 mm Barometerdruck findet sich in 60 km Höhe.

Die tatsächliche Geschwindigkeit der schnellsten Kathodenteilchen im interplanetaren Raum läßt sich aus den beobachteten Azimuten der Sonne nach der Störmerschen Figur und der umgekehrten Störmerschen Rechnung ermitteln.

Es zeigt sich, daß die Geschwindigkeit der Kathodenstrahlen im interplanetaren Raum erheblich höher gesetzt werden muß, als 30000 km/sek. Für die schnellsten Ionen würden wir sogar nach dem gleichzeitigen Azimut der Sonne und der Anfangsrichtung des Strahles innerhalb der Fehlergrenzen Lichtgeschwindigkeit bekommen.

Die Rotation und Bewegung der Erde. Die Banden zeigen einen grundsätzlichen Unterschied, je nachdem sie von W oder E gespeist werden. Im ersteren Falle erfolgt die Lichtzufuhr nachmittags direkt von der Sonne; sie beginnen dann im W scharf und enden im E unscharf; im letzteren Falle fassen die Kathodenstrahlen um die ganze Erde herum, haben also eine größere Ablenkbarkeit und geringere Geschwindigkeit. Die Banden sind dann stets viel verwaschener, zeigen überhaupt keine scharfen Strahlen, sind viel kürzer, und meist schwach konkav nach Süden gekrümmt, im Sinne der Ablenkung durch die Kraftlinien. Ferner ziehen im ersteren Fall — dies ist übereinstimmend von allen bisherigen Polarexpeditionen auf der E-Seite des magnetischen Pols der Nordhemisphäre beobachtet worden — stets die Banden von SE nach NW, im letzteren häufiger nach SE, allerdings nicht so regelmäßig; letzteres wahrscheinlich deshalb, weil sie zeitweise wieder von Westen direkte Lichtzufuhr erhalten. Endlich traten jedenfalls in Spitzbergen 1912/13 die ersteren Banden so gut wie ausschließlich vor der Wintersonnenwende auf, während die letzteren überwiegend der zweiten Hälfte des Winters eigentümlich waren.

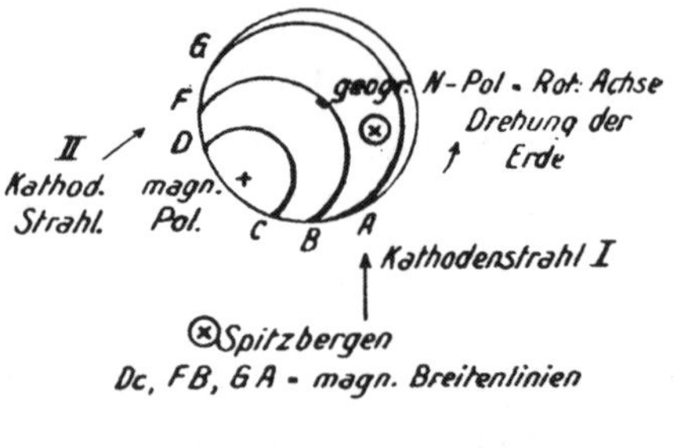

Die nebenstehende kleine Skizze möge die einfache Erklärung für die Verlagerung der Banden liefern.

Fällt ein Kathodenstrahl mit fortgesetzter Ionennachfuhr aus derselben Richtung auf eine bestimmte Stelle der Erde (A), um nun innerhalb der Atmosphäre die magnetische Breite dieses Punktes (AG) entlang zu laufen, und dreht sich hierbei die Erde weiter, so verlagert sich der Punkt des Auftreffens, wenn er im Raume konstant liegen bleibt, von A nach B und C, und der Strahl bestreicht auf diese Weise eine Fläche von AG nach CD hin, indem er stets den jeweiligen magnetischen Breitengrad (= $\perp$ zum magnetischen Meridian) entlang läuft. Analog muß ein von Ost kommender Kathodenstrahl, der z. B. bei F einfällt, sich infolge der Drehung der Erde so verlagern, daß er später bei G auftrifft.

Dieser Erklärung entsprechen auch die Geschwindigkeiten, mit denen die Polarlichter herauf und wieder abziehen.

Ferner hebt sich bis zur Wintersonnenwende in unserer Figur die Erde aus der Bildebene heraus und fängt wahrscheinlich aus diesem Grunde auf der Nordhalbkugel mehr von den direkten Strahlen der Sonne auf, während sie sich nach der Wintersonnenwende in die Bildebene hineinsenkt, und nun öfter mit den um die ganze Erde herumfassenden, und dann aus E kommenden, meist viel weniger geordneten Strahlen zusammentrifft.

Die Dichte des Kathodenstrahls. Aus unseren Platten, deren Belichtungszeit und photographisches Objektiv bekannt ist, läßt sich photometrisch, durch Vergleich mit Laboratoriumskathodenlicht, über die Dichte des Kathodenstrahls ein Urteil gewinnen. Doch darf hierbei nicht übersehen werden, daß die Hauptlinie im Spektrum des Polarlichts, die grüne Linie bei 557 μμ, die bei schwachen Polarlichtern allein sichtbar wird und alle anderen Linien an Bedeutung sehr weit überragt, sich im Kathodenlicht des Experiments nicht darstellen läßt und daß dasjenige Licht, das beim Experiment sich geltend macht, den Linien bezw. Banden des Wasserstoffs angehört, die nur einen geringen Bruchteil der Helligkeit des Polarlichts ausmachen. Im Vergleich zu den im Laboratorium erzeugten Kathodenstrahlen ist die Stromdichte der Polarlichtstrahlen jedenfalls sehr klein, da man ohne die grüne Polarlichtlinie von 557 μμ die Polarlichter überhaupt nur selten würde bemerken können, obgleich sich das Leuchten über Räume von 5 • 20 • 500 km erstreckt.

Das Spektrum des Polarlichts. Zur Untersuchung des Polarlichtspektrums hatte uns Herr Wiechert sein bekanntes Polarlichtspektroskop (Nachrichten d. Kgl. Gesellsch. d. Wiss. 1902, Heft 2) mitgegeben. Das Prisma war kurz vorher in Göttingen neu gekittet worden, leider so schlecht, daß bei der Ankunft in Spitzbergen 4/5 der Flächen mit Blasen bedeckt waren. Das Prisma war in diesem Zustand unbenutzbar. Herr Dr. Robitzsch hat es dann im Herbst frisch gekittet, in Ermangelung eines anderen Materials mit Autochromlack. Der Brechungsindex dieses Materials paßte allerdings nicht genau, sodaß viel Licht im Prisma durch Reflexion verloren ging, aber immerhin war das Instrument jetzt benutzbar, was es vorher nicht war.

Die Eichung wurde mit Kochsalz und Kupfer nach jeder Beobachtung vorgenommen.

Die Augenbeobachtungen zeigten auch bei den glänzendsten Erscheinungen ausschließlich die grüne Polarlichtlinie (557 μμ).

Später wurde das Spektroskop mit photographischer Kassette versehen, sodaß wir schließlich noch 2 brauchbare Photogramme[1]), jede von nur einem

[1]) Perutz-Platten, grünes Siegel; entwickelt mit Hydrochinon.

Polarlicht erhielten. Das eine zeigt ebenfalls nur die grüne Polarlichtlinie, das zweite, mit ziemlich langer Exposition, außerdem Banden des Wasserstoffs.

In jedem Falle ergibt sich aus unseren Photogrammen und Beobachtungen, daß mehr als 9/10 der Gesamthelligkeit des Polarlichts der grünen Linie zuzuschreiben ist, und daß demgegenüber die Bedeutung eventuell von uns nicht gefundener anderer Linien ganz zurücktritt. Nur die photographierten Banden[1]), wahrscheinlich die des Wasserstoffs, scheinen noch einen merklichen Teil des Polarlichts auszumachen.

Die bekannte Paulsensche Photographie des Spektrums hingegen zeigt deutlich die Linien des Stickstoffs. Aus dieser Tatsache wird es wahrscheinlich, daß wirklich an anderen Stellen der Erde, vielleicht auch schon in anderen Jahren, das Polarlicht in die Stickstoffatmosphäre, deren obere Grenze bei ca. 60 km liegt, hinabzutauchen vermag, wenn auch wohl nur unwesentlich.

Solange wir eine Höhe des Polarlichts von 40 bis 500 km in Spitzbergen für möglich hielten, schien es von Wichtigkeit, Unterschiede des Spektrums in den verschiedenen Höhenlagen festzustellen. Bis Dezember haben wir uns hierum vergeblich bemüht.

Als dann der Höhenbereich des Polarlichts durch unsere Messungen auf 150 km (zwischen 70 und 220 km Höhe über der Erde) zusammenschrumpfte, wurden diese Bemühungen als zwecklos aufgegeben.

Der Bereich des Polarlichts, 70—220 km, fällt praktisch mit der von meinem Bruder l. c. theoretisch berechneten Erstreckung der Wasserstoffatmosphäre, 60—250 km zusammen.

---

[1]) Auf eine Wiedergabe der Photogramme mußte aus Rücksicht auf die ohnehin hohen Reproduktionskosten der Photographien in dieser Arbeit verzichtet werden. Mein Bruder hatte für möglich gehalten, daß die grüne Polarlichtlinie dem hypothetischen Geocoronium zuzuschreiben sei. Das Geocoronium, oder mit anderen Worten, der Beginn einer weiteren unbekannten neuen Gashülle über der Wasserstoffsphäre (250 km) ist auch nach unseren Beobachtungen plausibel, da die l. c. gegebene hypothetische obere Grenze der Wasserstoffsphäre vollständig mit der hier mitgeteilten oberen Grenze des Polarlichts zusammenfällt, letzteres aber ganz offenbar an den Wasserstoff gebunden ist. Sollte aber die grüne Linie auf das Geocoronium zurückgeführt werden, so wäre nicht recht einzusehen, warum nicht das Polarlicht bereits im Geocoronium aufleuchtet. Auch die Annahme, daß das Geocoronium vielleicht nur im Wasserstoff zum Leuchten gebracht werden könne, scheint einstweilen zu künstlich.

Indessen bleibt noch eine andere Möglichkeit: daß nämlich die grüne Linie von den Kathodenteilchen selbst herrührt, indem diese beim Zusammenprall mit den Gasatomen der Wasserstoffsphäre letztere zum Aufleuchten bringen, aber zugleich selbst leuchten, indem sie so ihre kinetische Energie in Lichtwellen umwandeln. Nach allen bisherigen Untersuchungen müssen wir uns ja die negativen Ionen als materielle Teilchen vorstellen. Dann wäre es also zu 90% ungefähr der Kathodenstrahl selber, der zum Aufleuchten käme, dessen Ionen sich an der Stelle des stärksten Leuchtens, im Bereich der Banden, ansammeln, und dann beim Eintreffen neuer, wenn auch schwacher Strahlen zu erneuter stärkerer Aussendung von Lichtwellen erregt werden.

Daß oberhalb 220 km Höhe kein Aufleuchten mehr stattfindet, kann einmal darauf zurückgeführt werden, daß vielleicht oberhalb der Wasserstoffsphäre ein Gas (Geocoronium) liegt, das nicht geeignet ist, den Strahl zum Aufleuchten zu bringen; es kann auch darauf beruhen, daß die Gasdichte dort wohl ausreicht, den Kathodenstrahl langsam zu bremsen, aber nicht so rasch und stark, daß es zur merklichen Aussendung von Lichtwellen käme. Welche dieser beiden Möglichkeiten zutrifft, kann mit allen vorhandenen Kenntnissen nicht entschieden werden.

Es ist bemerkenswert, daß dieselbe Höhe von 120—150 km, in der die Ansammlung der Ionen im allgemeinen vor sich geht, auch funkentelegraphisch als eine Schichtgrenze betrachtet wird.

Polarlicht und magnetische Störung. Selbst wenn die großen Massen der Kathodenstrahlen merklich in das Erdfeld kommen und abgelenkt werden, so wird nur ein kleiner Teil in die Atmosphäre gelangen und Polarlicht verursachen. Das ist von Wichtigkeit für die Betrachtung erdmagnetischer Störungen, die sicherlich durch Kathodenstrahlen der Sonne hervorgerufen werden, aber nur in losem Zusammenhang mit den Polarlichtern stehen, wie Birkeland (l. c.) bereits nachwies. Offenbar kann nämlich ein ziemlich schwacher Kathodenstrahl zufällig auf diejenigen Stellen der Erde kommen, an denen er die prächtigsten Polarlichter hervorzurufen vermag, während er so gut wie gar keine erdmagnetische Störung hervorruft. Andererseits könnte ein sehr mächtiger Kathodenstrahl die Erde in unmittelbarer Nähe passieren und sehr starke erdmagnetische Störungen erzeugen, ohne auch nur das geringste Polarlicht hervorzurufen: seine abgelenkten Teilchen brauchen nur oberhalb 200 km über die Erdoberfläche streichen, um für das Auge keine Lichterscheinung mehr zu bringen. Im allgemeinen hat sich nun aber doch herausgestellt, daß die starken magnetischen Störungen von mehr oder minder starken Polarlichtern begleitet sind. Wir dürfen uns daher wohl den Kathodenstrahl auf dem Wege von der Sonne zur Erde so vorstellen, daß die Dichte innerhalb eines Querschnittes ungleich und daß auch der äußere Umriß von wechselnder Form ist; und aus den kurzen Störungs„stößen“ der magnetischen Störungen dürfen wir schließen, daß auch im Längsschnitt des Strahles die Dichte sich diskontinuierlich ändert.

Wir haben ferner gesehen, daß ein solcher Strahl Kathodenteilchen ganz verschiedener Geschwindigkeit enthält, und daß das Erdfeld die spektralartig zerlegten Flächen von sukzessiver, aber langsam variierender Geschwindigkeit auf die Erde selbst zulenkt.

Die Erde bewegt sich um die Sonne mit einer mittleren Geschwindigkeit von $v_1 = 29$ km/sec. Der Durchmesser der Erde beträgt rund 14000 km[1]).

[1]) Einschließlich der Atmosphäre.

Würde also von der Sonne ein Strahl in der Ekliptik-Ebene in ein und dieselbe Richtung des Raumes entsandt werden, so würde ihn die Erde in $14000/29^{\text{sek}} = 1^{\text{h}}\ 20^{\text{m}}$ passieren. Nun werden aber die Kathodenstrahlen wahrscheinlich von den Fackeln ausgesandt, die am Rande der Sonnenflecken stehen, und sich an der Sonnenrotation (26 Tage) beteiligen. Sie werden also die Erde passieren mit einer Geschwindigkeit $v_2 - v_1$, wo v_2 die Umlaufsgeschwindigkeit des Strahles um die Sonne in der Entfernung Sonne — Erde ist. Diese Geschwindigkeit ist definiert durch

$$\frac{v_2}{29} = \frac{365}{26}, \text{ woraus } v_2 = \frac{365 \cdot 29}{26} = 406 \text{ km/sek},$$

und die tatsächliche Geschwindigkeit, mit der die Erde von dem Strahl passiert werden würde:

$$v_2 - v_1 = 380 \text{ km/sek}.$$

Die ganze Erde (14000 km Durchmesser) würde von einem in der Ekliptik-Ebene liegenden linienhaften Strahl in $14000/380 = 370^{\text{sek}}$, oder in rund 6 Minuten passiert sein.

Vergegenwärtigen wir uns nun in aller Kürze die Einwirkung eines derartigen Strahles auf die Magnetnadel.

Den Kathodenstrahl können wir uns ersetzt denken durch einen in umgekehrter Richtung fließenden elektrischen Strom. Dieser lenkt nach dem bekannten Örstedtschen Gesetz die Magnetnadel ab. Zur Vereinfachung nehmen wir an, daß die Sonne gerade in der Äquatorebene steht (Tag- und Nachtgleiche). Eine am Äquator bei C befindliche freibewegliche Magnetnadel würde dann zunächst, ohne Kathodenstrahl, durch die Kraft des Erdmagnetismus so gedreht werden, daß ihr eines Ende aus der Figur heraus, in der Richtung der Kraftlinien, nach dem auf der Nordhalbkugel gelegenen Magnetpol der Erde weist. Dieses Ende nennen wir das Nordende der Nadel.

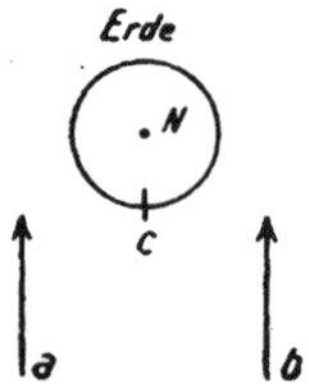

Nun nehme der Kathodenstrahl die Lage a ein. So wird nach dem Örstedtschen Gesetz die Kraft, mit der die Nadel in ihre Richtung gestellt wird, verstärkt. Ist der Kathodenstrahl in die Lage b gelangt, so wird die Kraft, mit der das Nordende nach Norden gezogen wird, wieder vermindert. Der Wendepunkt tritt offenbar in dem Augenblick ein, wo die Nadel passiert wird. Würde also nur eine unveränderliche erdmagnetische Kraft, und ein linienhafter Kathodenstrahl vorhanden sein, so würden wir unter den gemachten vereinfachenden Annahmen für die Größe der auf den Magneten wirkenden Kraft die nebenstehende einfache Aufzeichnung erhalten.

Eine ganze Reihe von Gründen wirkt dahin, das Bild einer magnetischen Störung verwickelter erscheinen zu lassen, als in diesem einfachen

Fall, aber ohne daß der gesetzmäßige Zusammenhang zweifelhaft werden könnte.

1. Der Strahl ist keine Linie, wie in der Figur, sondern hat einen mehr oder minder großen Durchmesser. Ein Strahl z. B. von 14000 km Durchmesser würde 12 Minuten brauchen, ein Strahl von 140000 km sogar 1 Stunde, um die Erde zu passieren.

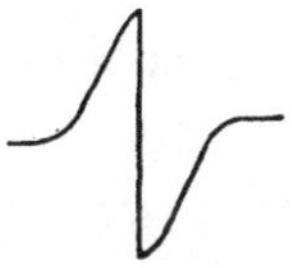

2. Der Strahl braucht nicht gerade mit seiner Mitte mitten über die Erde zu streichen, sondern er kann teilweise oder ganz nördlich oder südlich von ihr passieren. Die Modifikationen, die hierdurch in dem Verhalten der Magnetnadeln an verschiedenen Stellen der Erde eintreten, lassen sich für den Erdmagnetiker ziemlich leicht überblicken. Da die Überdeckung der Erde nur einen singulären Fall darstellt, und in der Regel der Strahl ganz oder teilweise nördlich oder südlich der Erde passieren wird, muß man erwarten, daß die Störungen in nördlichen oder südlichen Breiten im Allgemeinen am stärksten ausfallen.

3. Der Strahl beeinflußt nicht nur die registrierende Magnetnadel, sondern er ruft auch induktive Erdströme in der Erdrinde hervor, die ihrerseits wieder magnetische Wirkung ausüben.

4. Der Strahl ändert das magnetische Moment der Erde selbst, indem zunächst eine Verstärkung, dann eine Schwächung des Momentes herbeigeführt wird, die infolge Hysterese erst langsam zurückgeht.

5. Wie bereits erwähnt, müssen wir den Bau des Strahles als unregelmäßig betrachten. Hieraus resultieren auch fortgesetzte kleinere Schwankungen der Stromdichte und der maßgebenden Entfernung der Strommitte.

6. Nach den Rechnungen von Störmer sind bestimmte Stellen im Magnetfelde der Erde von besonderer Bedeutung für die Ablenkung des Strahles oder einiger Partien derselben. Es muß berücksichtigt werden, daß die tatsächliche Richtung des abgelenkten Strahles, nicht aber die ursprüngliche Richtung Sonne — Erde maßgebend ist für die erdmagnetische Wirkung desselben.

7. Magnetische Achse, Drehungsachse der Erde und Achse der Ekliptik bilden Winkel miteinander. Der Winkel zwischen der übrigens unsymmetrischen magnetischen und der geographischen Achse der Erde beträgt ca. 20°. Fast ebensogroß ist der Winkel zwischen der Drehungsachse der Erde und der Senkrechten auf die Ekliptik-Ebene (23°). Im Laufe des Tages schwankt daher der Winkel zwischen der Verbindungslinie Sonne — Erde und dem Kraftliniensystem der Erde um $\pm$ 20°, und im Laufe eines Jahres gar um $\pm$ 43°. Es scheint übrigens, daß diese beiden Zahlen eine Beziehung zu einander haben.

Erläuterungen zu den Tafeln II—IV.

Tafel I, die sich weiter vorn im Text befindet, bedarf wohl keiner Erläuterung mehr.

Tafel II zeigt kinematographische Aufnahmen. Die Lage des Horizontes ist durch kleine Striche am Rande der Bilder markiert. 1 mm ist rund = 1°, die Bilder geben also mehr als das Gesichtsfeld des menschlichen Auges.

Am 25. I. 1913 sehen wir eine sehr lichtstarke Bande vom SW aufschießen bis ca. 15° Winkelhöhe. Am Horizont schwach angedeutet die Konturen der Landschaft. Um 7 p 1 m hört die Lichtnachfuhr von SW auf. Die Bande reicht jetzt bis ca. 30° Winkelhöhe, bildet Bäusche aus, und eine zweite parallele Bande entsteht. Die größte Helligkeit hat sich jetzt verlagert auf 20° Winkelhöhe. 7 p 2 m sehen wir den Endzustand, bevor die Bande verblaßt.

Die Aufnahmen vom 30. I. 1913, 6 p 45 und 46 sind nur der Kuriosität halber mitgeteilt. Sie sind nicht typisch.

Am 31. I. 1913 leuchtet um 7 p 45 m am Ost-Horizont mit nach links offnem Bogen eine Draperie; bis etwa 6° Winkelhöhe. Ihr uns zugerichtetes Ende verlängert sich, indem, deutlich sichtbar, Einzelstrahlen einfallen (7 p 46), die sich erst allmählich zusammenschließen; zugleich schwenkt das offene auf uns zugerichtete Ende höher herauf (10°). 7 p 47 m: die Lichtzufuhr am Horizont läßt nach. 7 p 48: die Draperie reicht jetzt bis 20° und entwickelt neue Leuchtkraft.

Tafel III. Die beiden letzten Tafeln zeigen Stereoskop-Bilder; diese sind ca. $^1/_2$ fach photographisch vergrößert. 1 mm ist rund = 1,5°. Die Bilder dieser Tafel sind, wie aus dem Sternbild ersichtlich ist, nahe dem Zenith erhalten. Man muß sich den Mittelpunkt der Bilder in ca. 50—60° Winkelhöhe über dem Beschauer denken. Ferner ist zu erwägen, daß die Polarlichter nicht senkrecht zur Basis aufgenommen sind, so daß der Höhenkreis nicht senkrecht über die Bilder läuft, sondern schräg, boi 4. II. 9 p 53 m z. B. etwa von links oben nach rechts unten; ungefähr in dieser Richtung, aber sehr steil auf den Beobachter zu, fallen die Einzelstrahlen ein. Mit Absicht sind Aufnahmen mit kurzen Zeitintervallen gewählt, um die außerordentliche Veränderlichkeit der Lichter zu zeigen. 9 p 53 sind fast nur Einzelstrahlen da, 9 p 54 dagegen keine mehr; die Spirale wird anscheinend gebildet von turbulent durcheinander wirbelnden Kathodenteilchen, die im Ballen merklich horizontal wandern und im magnetischen Felde der Erde abgelenkt werden.

Tafel IV hat den gleichen Maßstab. Sie benutzt lediglich die Sterne Castor und Pollux im Südosten, später Süden. 6 p 45 läuft der Höhenkreis senkrecht über das Bild. 8 p 54 von links oben nach rechts unten. Das Bild 8 p 56 ist nicht richtig orientiert. Wir müssen uns die beiden Aufnahmen jede für sich um ca. 30° nach links gedreht denken, so daß die Sterne etwa ebenso stehen wie um 8 p 54. Auch auf Tafel III sind derartige Orientierungsfehler vorhanden, die sich bei den Schwierigkeiten der Reproduktion nicht vermeiden ließen. Wir sehen das wirkliche Polarlicht 8 p 54 richtig auf dem Stereoskopbilde wiedergegeben, wenn wir uns vorstellen, daß wir den Kopf mit erweitertem Augenabstand (Basis = 7 km) um etwa 40° auf die rechte Seite neigen, und so das Original-Polarlicht betrachten.

Bei allen hier mitgeteilten Stereoskop-Photographien empfiehlt es sich, die Bilder auseinander zu schneiden und sie, dem individuell verschiedenen Augenabstand entsprechend und mit richtiger Orientierung, mit einer Stereoskop-Brille oder einem Stereoskop-Apparat zu betrachten. Wer geübt ist im stereoskopischen Sehen, wird den stereoskopischen Effekt bereits an der Tafel selbst bemerken.

Um 6 p 45 fallen Draperiestrahlen in eine vorhandene Bande, diese wieder verstärkend. Die Bande liegt an der Stelle des stärksten Aufleuchtens, wo sich die Ionen anscheinend am stärksten ansammeln und beim Verlöschen des Strahles am längsten noch weiter leuchten. Dahinter (vom Beschauer aus darunter) eine weitere schwache Bande. Wenig links vom Sternbild sehen wir die vordere Draperie nach „unten“ gehen, d. h. vom Beschauer fortbiegen. Um 8 p 54 fallen im Vordergrunde, steil auf den Beschauer zu, zwei Einzelstrahlen je rechts und links vom Sternbild, ein; sie verdicken sich unten tropfenförmig. Dahinter liegt eine Draperie, die durch weitere Einzelstrahlen um 8 p 56 zu einem offenen Bogen verlängert ist.

Der Horizont läuft bei diesem Bilde von links unten nach rechts oben unter einen Winkel von ca. 90/2°.

8 p 56 ist der Bogen auf den Beschauer zu offener, die Draperiestrahlen sind verblaßt. Der Horizont liegt hier horizontal.

Die Sterne liegen auf allen Bildern nicht in einer Ebene, sondern auf einer mehr oder weniger gekrümmten Fläche. Dies rührt daher, daß vom Mittelpunkt des Bildes aus sich das Winkelmaß etwas ändert, und daß niemals auf genau die gleichen Punkte des Himmels exponiert wurde. Auch bei den Polarlichtern findet sich dieser falsche stereoskopische Effekt, stört aber weniger, weil es sich hier um eine verschwommene Erscheinung handelt.

Bemerkung: auf S. 46 ist vor Absatz 2 das Datum: 4. Februar 1913 zu ergänzen.

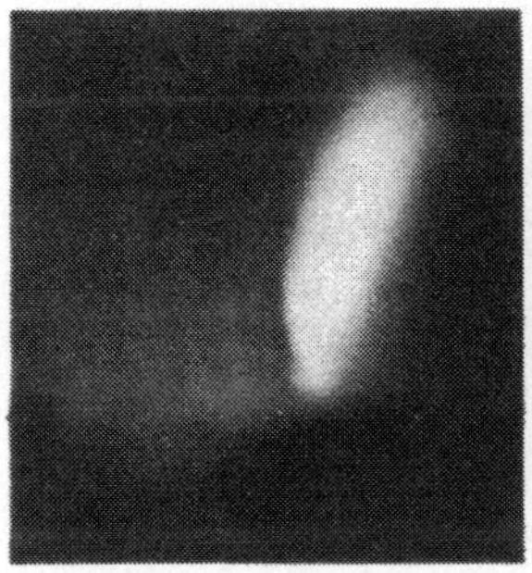

7 p 0

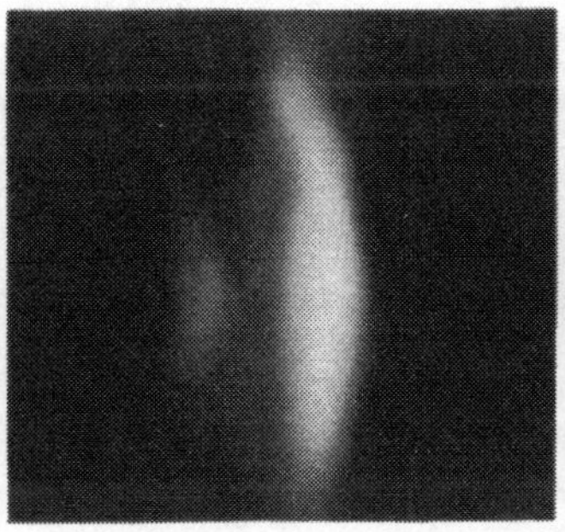

7 p 1 m

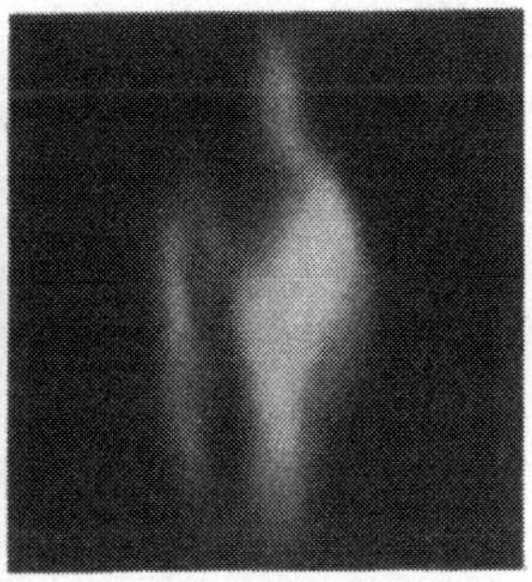

7 p 2 m

25 I. 1913 Polarlicht im SW, unteres Ende am Horizont

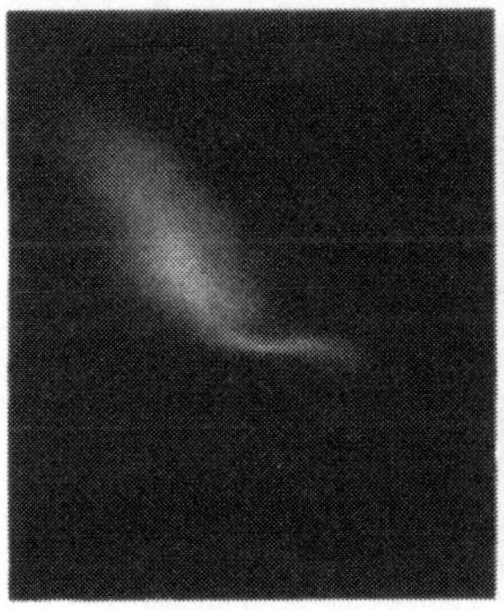

6 p 45 m

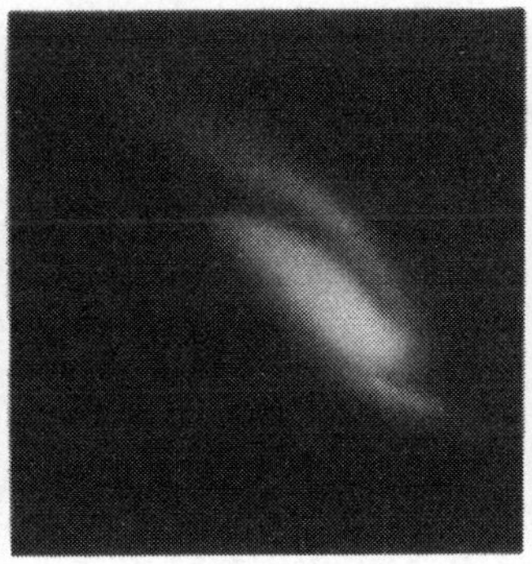

6 p 46 m

30. I. 1913

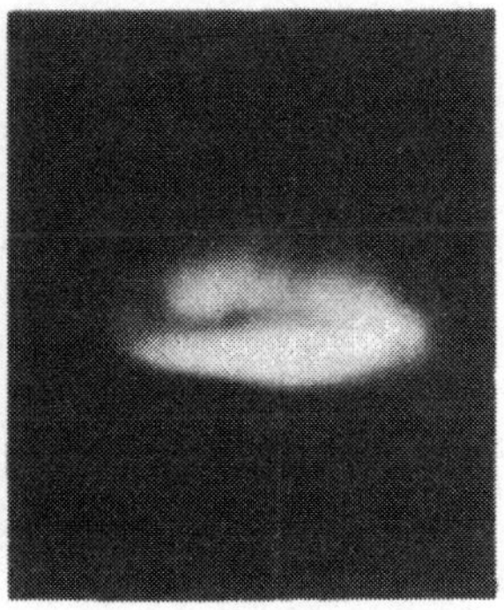

7 p 45 m

31. I. 1913
Polarlicht am Ost-Horizont

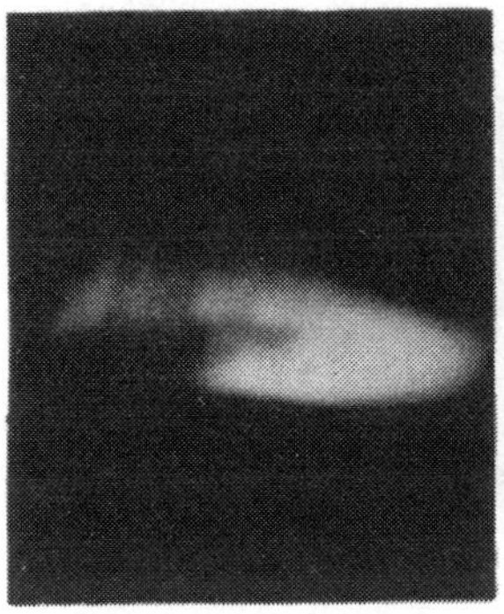

7 p 46 m

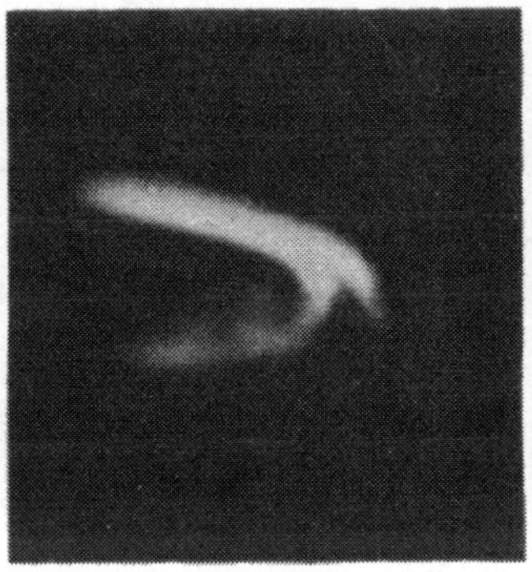

7 p 47 m

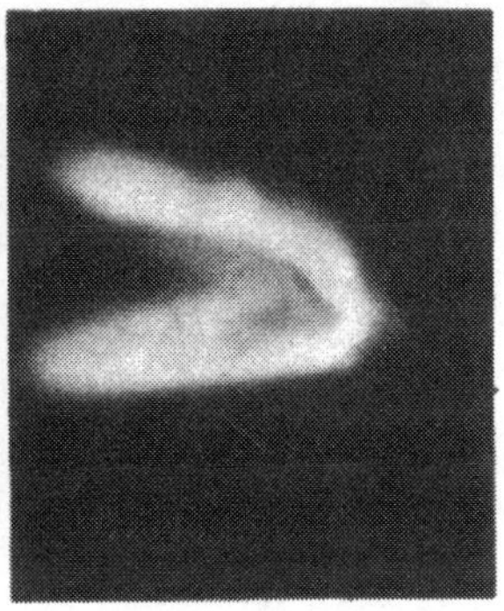

7 p 48 m

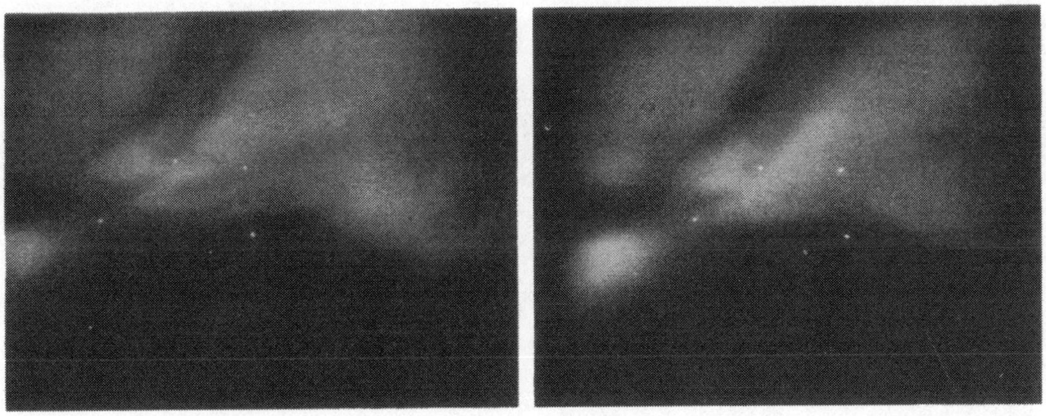

4. II. 9 p 48 m

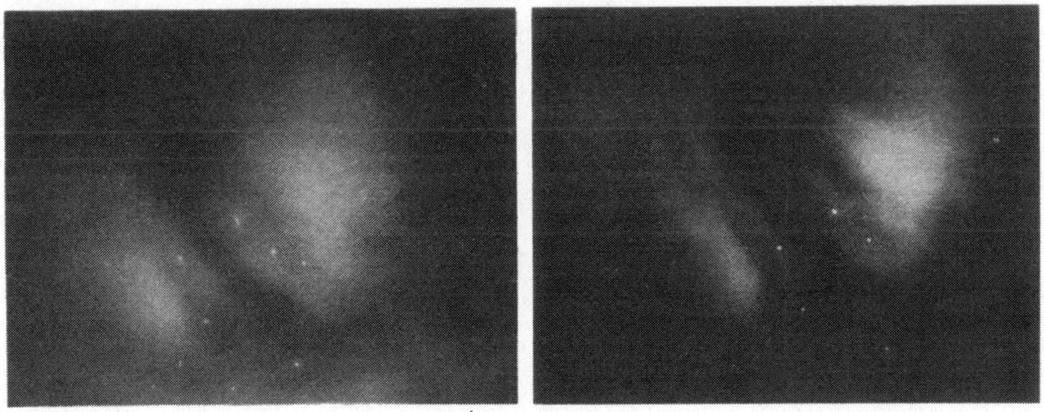

4. II. 9 p. 53 m

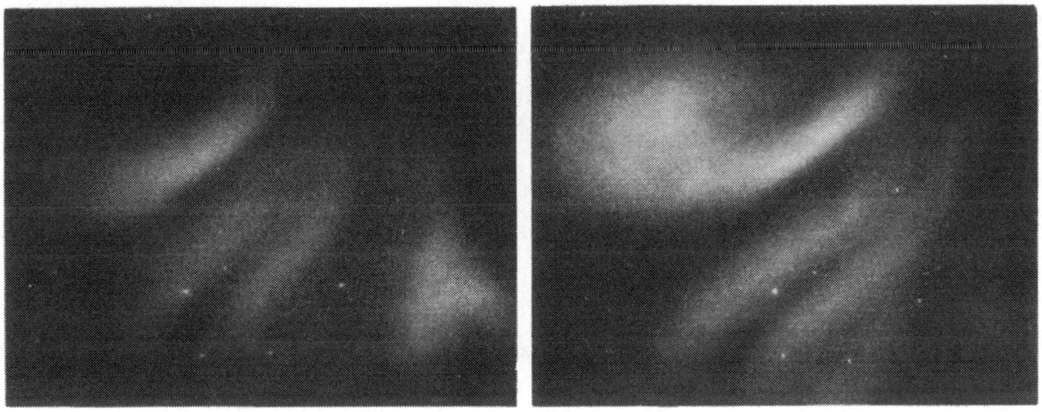

4. II. 9 p 54 m

Tafel IV.

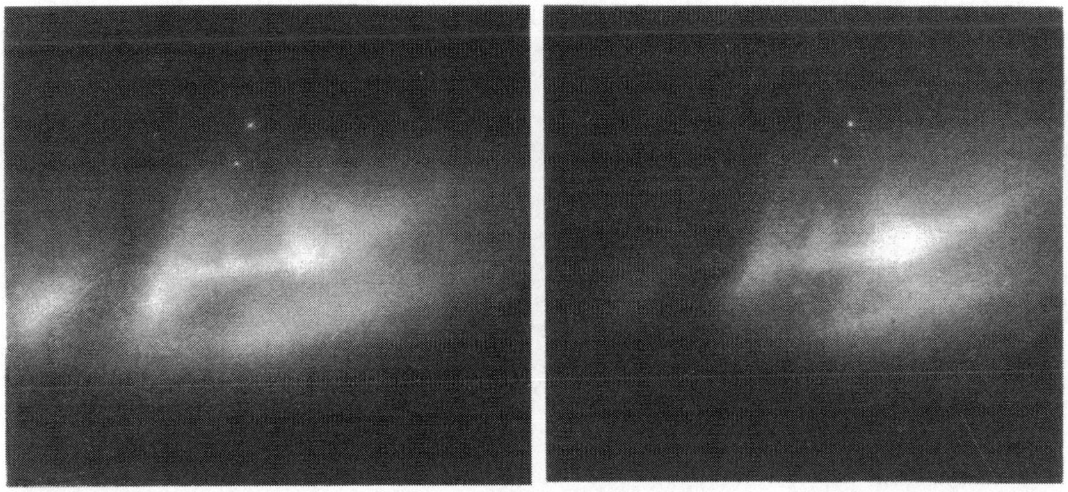

7. II. 6 p 45 m

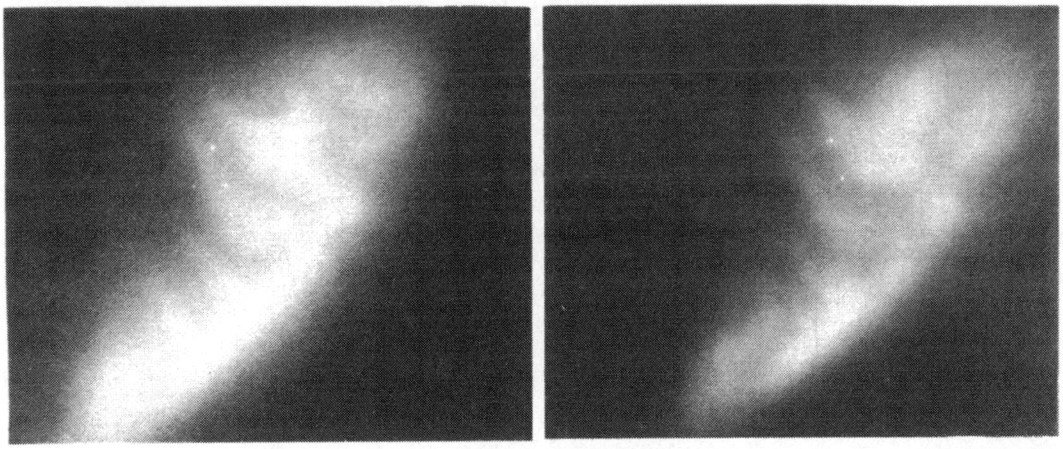

7. II. 13 8 p 54 m

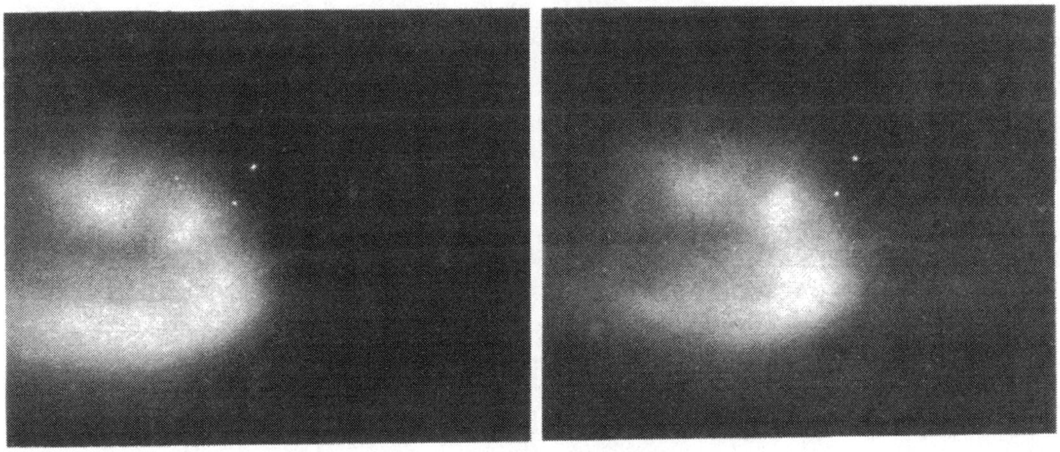

7. II. 13 8 p 56 m

10°
15°
20°
25°
30°
80°
79°
BARENTS
DSEE
NORD-OST-LAND
WEST-SPITZBERGEN
Nord Kap
Treurenburg-od. Sorge Bai
Moffen Insel
Mossel B.
Graa Huk
Wijde Bucht
West Fjord
Wood Bai
Liefde Bai
Rote Bai
Amsterdam I.
Dänen I.
Smerenburgbai
Magdalenabai
Ebeltofts Hfn.
K. Mitra
Cross B.
Kings B.

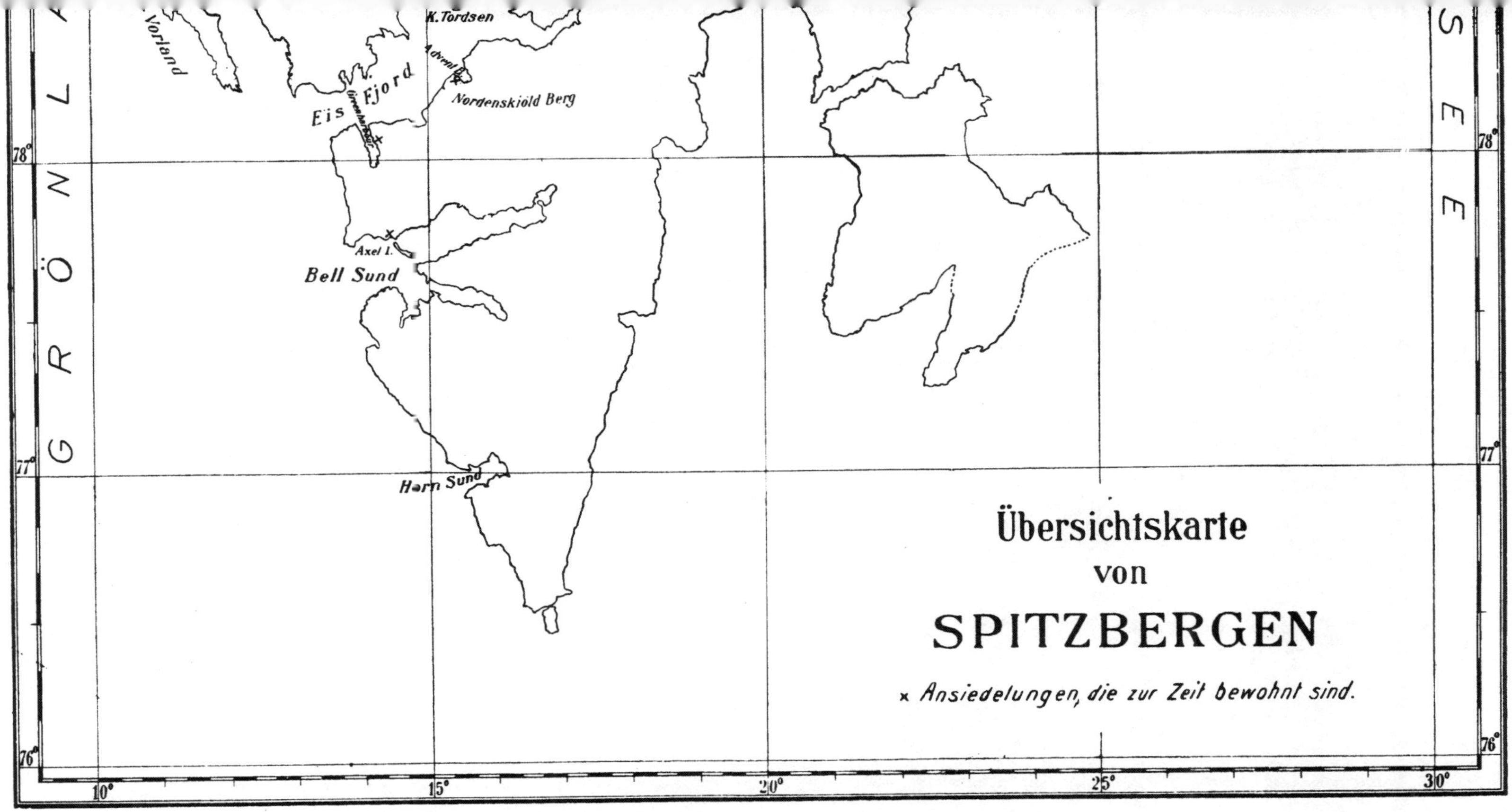

Schriften der Wissenschaftlichen Gesellschaft in Straßburg XXI.

FSC
www.fsc.org
MIX
Papier | Fördert gute Waldnutzung
FSC® C083411

Kolibri 360 GmbH
Ferdinand-Jühlke-Straße 7
99095 Erfurt, Deutschland
produktsicherheit@kolibri360.de